本书的视频制作得到了"乡村振兴战略下'三农'融合出版探索"项目的资助

扫码看视频●病虫害绿色防控系列

叶菜病虫害绿色防控彩色图谱

全国农业技术推广服务中心　组编

任锡亮　高天一　主编

中国农业出版社

北　京

前言
PREFACE

　　叶类蔬菜是以鲜嫩叶片及叶柄为产品的蔬菜，包括普通叶菜类（普通白菜、叶用芥菜、乌塌菜、薹菜、芥兰、荠菜、菠菜、苋菜、番杏、叶用甜菜、莴苣、茼蒿、芹菜等）、结球叶菜类（结球甘蓝、大白菜、结球莴苣、包心芥菜等）、辛香叶菜类（韭菜、茴香、芫荽、青蒜等）等，是品种最多的一类蔬菜。

　　叶类蔬菜适应性强、生长时间相对较短，种植相对简易，是民生和应急保供、抗灾救灾类主要蔬菜。在我国"菜篮子"供应中起着举足轻重的作用。但是，叶类蔬菜中除有特殊香味或辣味的外，病虫害相对较重，防治周期较长。因此，病虫害准确识别是病虫害监测预警的前提，是叶类蔬菜病虫害绿色防控技术的基础。通过叶类蔬菜病虫害知识普及和相关技术推广，有助于叶类蔬菜种植从业者扩充叶类蔬菜病虫害知识储备，提升病虫害防控技能，保障人们的"菜篮子"安全。

　　本书从实际出发，总结了十余年叶类蔬菜主要病虫害的防治经验，并从多个方面进行详细讲解。病害部分，从田间症状、发生特点帮助读者了解病原特征、传播途径及病害发病原因等，使读者掌握病害发生规律；通过病害循环图、大量高清特征及症状图，帮助读者快速掌握病害识别要点。虫害部分，从分类地位、为害特点、形态特征、为害状等方面进行描述，并配有害虫高清形态图及为害状原色图。另外，对易混淆的病虫害进行对比，帮助读者快速精准识别病虫害。在绿色防控方面，每一病虫害均给出了防治适期及对应防治措施，使读者轻松掌握防治关键期，提升绿色防控水平和效果。同时，全书配备了病虫害视频，使病虫害识别更加生动直观。

全书文字简洁，图片清晰，图文并茂，适合作为叶类蔬菜生产者、农技推广人员及相关专业学生的参考用书，也可作为基层叶类蔬菜生产技术培训教材，是一本极具实用性、阅读性的科普读物。

编　者

2023 年 2 月

说明：本书文字内容编写和视频制作时间不同步，两者若有表述不一致，以本书文字内容为准。

目 录
CONTENTS

PART 1

病　害

十字花科叶菜霜霉病 ·····························

白菜霜霉病

田间症状 叶片为主要发病部位，叶片背部病斑能够形成白色或灰色霉层。叶片被侵染后在叶片背部首先出现微小的黄色斑点，并随着病害的发展逐渐扩展为不规则的黄色病斑，严重时呈现黄褐色。当环境湿度大时病斑部位可出现白色霉层。

普通白菜霜霉病症状

大白菜霜霉病症状

快菜（苗用大白菜）霜霉病症状　　　　　　　甘蓝霜霉病症状

发生特点 浙江沿海地区每年的 4 ～ 5 月和 9 月下旬至 11 月为发生高峰期。

病害类型	真菌性病害
病　原	寄生无色霜霉（*Hyaloperonospora parasitica*），为卵菌门霜霉目霜霉科无色霜霉属真菌
越冬场所	以卵孢子和菌丝体随病残体遗落在土中越冬，也可在采种母株上越冬，少数可黏附在种皮上越冬
传播途径	伴随气流和雨水传播到邻近的健康植株上，通过植株表皮组织、自然孔口或伤口侵入植株健康组织
发病原因	品种抗病性弱，寒冷潮湿、连续阴雨低温，相对湿度大，栽培密度大，施肥过量、过迟
病害循环	

夏天卵孢子随病残体休眠越夏

春天普通白菜、甘蓝等受初侵染，并产生孢子囊引起再侵染

风雨等传播

风雨等传播

秋天大白菜等受初侵染，并产生孢子囊引起再侵染

菌丝体和卵孢子随病残体在土壤中、种子和病株上越冬

防治适期 成株期早期。

防治措施

（1）**选用抗病品种** 该方法是防治霜霉病最经济有效的措施之一。大白菜抗（耐）病品种有中白2号、绿宝、北京106、豫白1号、秦白3号等。

（2）**农业防治** 适时播种，合理密植，少施氮肥，多施磷、钾肥，并进行轮作倒茬。

（3）**药剂防治** 发病初期可使用70%丙森锌可湿性粉剂150～210克/亩[①]，或45%代森铵水剂78毫升/亩，或586.5克/升氟菌·霜霉威悬浮剂60～75毫升/亩等，兑水喷雾防治。一般每隔7～10天施用1次，连续2～3次即可起到防治效果。

十字花科叶菜软腐病 ·······························

田间症状 该病主要为害植株叶片，病害发生初期病株外叶萎蔫，叶片出现水渍状病斑，半透明，后扩大为淡灰褐色，组织变软、黏滑，病斑处凹陷，常溢出污白色菌脓并伴有恶臭味。从外叶边缘或叶球上开始腐烂，严重时整株死亡。

普通白菜软腐病症状

---

① 亩为非法定计量单位，1亩=1/15公顷。——编者注

大白菜软腐病症状 　　　　　　　　　甘蓝软腐病症状

雪里蕻软腐病症状

发生特点

病害类型	细菌性病害
病　　原	胡萝卜果胶杆菌（*Pectobacterium carotovorum*），为薄壁菌门果胶杆菌属细菌
越冬场所	南方病菌可周年寄生发育，北方病菌主要在土壤、病株和病残体中越冬
传播途径	病菌通过昆虫、雨水、灌溉水、带菌粪肥等传播，从自然孔口或机械伤等伤口侵入寄主
发病原因	品种抗病性弱，空气相对湿度大，夏季高温病害最易发生
病害循环	伤口侵入 虫伤 机械伤 自然裂口 入侵 发病，产生菌脓 再侵染 传播 传播 昆虫、雨水、灌溉水、肥料 细菌在土壤、病株或病残体中越冬

防治适期 苗期和成株期。

防治措施

（1）**选用抗病品种**　选用抗软腐病品种，如大白菜品种山东1号、城阳青、北京大青口、青杂5号等，抗（耐）病性比较好。

（2）**农业防治**　轮作倒茬避免连作；播种前深翻土壤，及时排水；合理施肥，避免过量施用氮肥；清洁田园，及时清除病残体。

（3）**药剂防治**　在病害发生早期进行防控。可选择2%春雷霉素可湿性粉剂800倍液，或20%噻森铜悬浮剂1 000倍液，或3%中生菌素可湿性粉剂600～800倍液，或50%氯溴异氰尿酸可溶粉剂50～60克/亩，间隔7天喷施1次，连喷2～3次。

十字花科叶菜菌核病 ·····························

田间症状　苗期和成株期均可受到侵害，主要为害叶片及茎部。发病后叶片及茎部形成灰褐色的病斑，并产生白色的霉层，随后逐渐变软腐烂，严重时在茎内部可见黑色鼠粪状菌核。

白菜菌核病

普通白菜菌核病症状

大白菜菌核病症状　　　　　　　　鼠粪状菌核

甘蓝菌核病症状

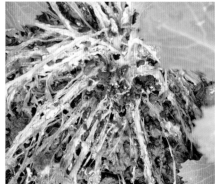

雪里蕻菌核病症状

发生特点

病害类型	真菌性病害
病 原	核盘菌（*Sclerotinia sclerotiorum*），为子囊菌门锤舌菌纲柔膜菌目核盘菌科核盘菌属真菌
越冬（越夏）场所	核盘菌主要以菌核的形式在土壤及病残体中越冬及越夏
传播途径	菌核萌发后产生子囊盘，进而产生子囊孢子，通过空气传播蔓延。菌核也可经流水传播
发病原因	品种抗病性弱，天气阴冷潮湿，栽培密度过大，常年连作，施肥过量
病害循环	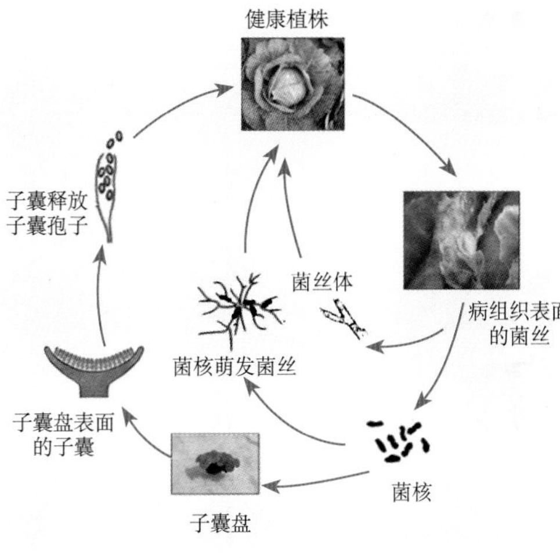

健康植株

子囊释放子囊孢子

菌丝体

病组织表面的菌丝

子囊盘表面的子囊

菌核萌发菌丝

子囊盘

菌核

防治适期 幼苗期及成株期。

防治措施

（1）**选用抗病品种** 选用抗菌核病的叶菜品种。

（2）**农业防治** 轮作倒茬避免连作；播种前深翻土壤；及时排水，合理施肥，避免过量施用氮肥；清洁田园，及时清除病残体，带出田外集中烧毁。

（3）**药剂防治**　发病初期用40%菌核净可湿性粉剂1 000 ～ 1 500倍液，或50%腐霉利可湿性粉剂1 000 ～ 1 500倍液，或50%多菌灵可湿性粉剂500倍液，或50%异菌脲可湿性粉剂800倍液，或50%乙烯菌核利可湿性粉剂600 ～ 800倍液，或70%甲基硫菌灵可湿性粉剂1 000 ～ 2 000倍液喷雾防治。

温 馨 提 示

在使用菌核净、异菌脲、腐霉利等药剂防治菌核病时，要注意交替用药，以延缓或防止病菌抗药性的产生。

十字花科叶菜白锈病 ···

田间症状　该病主要为害叶片、茎、花及花梗。病害发生初期，叶片背面首先形成白色颗粒状突起病斑，呈散点或少量聚集；随着植株生长，病斑逐渐扩展至整片叶；病害发生后期，白色凸起病斑逐渐转变为黄褐色，引起叶片变黄枯萎。茎和花受害后，呈肥大弯曲的畸形，不能结实，菜农俗称"龙头拐"，花瓣呈绿色叶状肿大，其上散生或群生孢子囊堆。

雪里蕻白锈病叶片正面症状

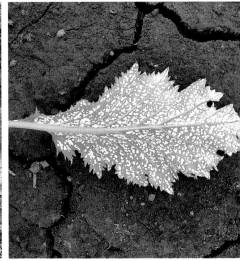

雪里蕻白锈病叶片背面布满白色凸起病斑

雪里蕻白锈病花器官症状

普通白菜白锈病症状

发生特点

病害类型	真菌性病害
病　　原	白锈菌（*Albugo candida*）和大孢白锈菌（*Albugo macrospora*），均为卵菌门白锈菌科白锈菌属真菌 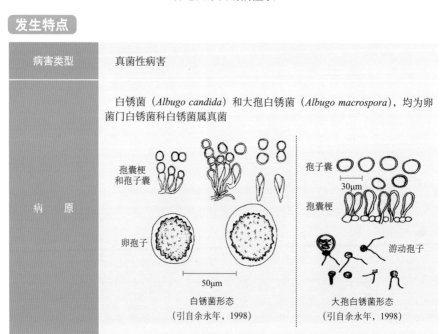 白锈菌形态 （引自余永年，1998）　　大孢白锈菌形态 （引自余永年，1998）

（续）

越冬场所	病菌可在病叶和茎组织中或黏附在种子上越冬，春夏之交时病害最易发生
传播途径	卵孢子在适宜的温度下萌发产生游动孢子，并可以通过雨水、气流进行再侵染传播
发病原因	品种抗病性弱、空气相对湿度高，白锈病发生严重
病害循环	游动孢子萌发侵入寄主；病株；孢子囊随风雨传播，释放游动孢子；卵孢子、菌丝随病残体在土壤中或附着在种子上越冬、越夏；卵孢子萌发，释放游动孢子；游动孢子随雨水、灌溉水溅射到寄主表面；再侵染

防治适期　成株期。

防治措施

（1）**选用抗病品种**　选用抗白锈病的品种。

（2）**农业防治**　使用无病种子或进行种子消毒，如可用种子重量0.4%的25%甲霜灵可湿性粉剂或75%百菌清可湿性粉剂拌种；轮作倒茬避免连作，重病田要与非十字花科蔬菜轮作2～3年；播种前深翻土壤；及时排水，合理施肥，避免过量施用氮肥；及时清除病残体。

（3）**药剂防治**　病害发生早期进行防控。可选择72%霜脲·锰锌可湿性粉剂800倍液，或50%锰锌·氟吗啉可湿性粉剂1 000倍液，或58%甲霜·锰锌可湿性粉剂500倍液，或75%百菌清可湿性粉剂1 000～1 200倍液，或20%三唑酮乳油1 000～1 200倍液，间隔5～7天喷施1次，连喷2～3次。

十字花科叶菜炭疽病 ·····················

田间症状 该病主要为害叶片，叶片背面首先形成褪绿色的病斑，随后病斑逐渐扩大，中央处凹陷，后期病斑变薄并呈透明状，严重时整个叶片形成不规则的大型病斑，并枯死。

雪里蕻炭疽病叶片背面症状　　雪里蕻炭疽病叶片正面症状

雪里蕻炭疽病植株症状

大白菜炭疽病症状

发生特点

病害类型	真菌性病害
病　　原	希金斯炭疽菌（*Colletotrichum higginsianum*），为子囊菌门小丛壳科炭疽菌属真菌
越冬场所	病菌主要以菌丝体或分生孢子的形态随病残体在土壤中越冬，或黏附在种子表面越冬，也可在留种株上越冬
传播途径	在适宜的温度下可以通过雨水、气流进行再侵染传播
发病原因	品种抗病性弱、栽培密度大、闷热潮湿时病害发生严重
病害循环	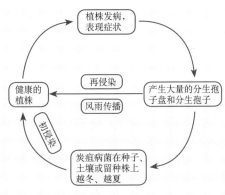

防治适期 成株期。

防治措施

(1) **选用抗病品种** 选用抗炭疽病的品种。一般情况下，大白菜青帮品种比白帮品种抗病。比较抗（耐）病的大白菜品种有青杂3号、青杂5号、青庆、夏冬青等。

(2) **种子处理** 选用无病种子或进行温汤浸种，也可用种子重量0.3%的50%多菌灵可湿性粉剂或50%福美双可湿性粉剂拌种。

(3) **农业防治** 轮作倒茬避免连作，与非十字花科蔬菜轮作1～2年；播种前深翻土壤；及时排水，施足基肥，避免过量施用氮肥；清洁田园，及时清除病残体，带出田外集中烧毁。

(4) **药剂防治** 在病害发生早期进行防控。可选择2%嘧啶核苷类抗菌素水剂200倍液，或60%唑醚·代森联水分散粒剂1 000倍液，或70%丙森锌可湿性粉剂500倍液，间隔5～7天喷施1次，连喷2～3次。

十字花科叶菜根肿病

田间症状 植株在苗期和成株期均能受到侵害，主要侵害植株根部，发病后根部形成不同大小的根瘤，导致植株矮小，生长缓慢。

大白菜根肿病症状

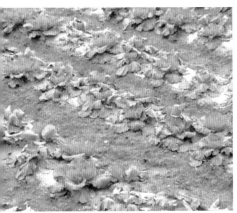

大白菜根肿病植株萎蔫

大白菜根肿病植株全株枯死

甘蓝根肿病症状

雪里蕻根肿病症状

| 叶用芥菜根肿病症状（苗期） | 叶用芥菜根肿病症状（成熟期） |

发生特点

病害类型	真菌性病害
病　　原	芸薹根肿菌（*Plasmodiophora brassicae*），为根肿菌门根肿菌属真菌。世界上已有24个以上根肿菌生理小种。我国以4号生理小种为主
越冬（越夏）场所	主要以休眠孢子囊在土壤、病残体中或黏附在种子上越冬和越夏，休眠孢子囊抗逆性强，在土壤中至少可存活5～8年
传播途径	病菌通过病根、雨水、灌溉水、地表径流、地下害虫活动、农具、运输工具及农事操作等作近距离传播，但带菌的种苗、病根、土壤、农家肥、种子及流水等均可作远距离传播
发病原因	品种抗病性弱，土壤湿度大，土壤偏酸性，常年连作，施肥过量
病害循环	

十字花科叶菜田间根肿病症状区别

蔬菜种类	地上部症状	地下部症状
白菜类	病株前期凋萎，后期矮缩，叶片发黄	主根的肿根大而少、近球形，侧根的肿根小、串生
甘蓝类	病株叶片发黄，植株生长不良、凋萎	主根的肿根纺锤形、球形，侧根的肿根手指状
芥菜类	病株逐渐凋萎	根部生有不规则球形或长形的瘤状物

防治适期　幼苗期。

防治措施

（1）**选用抗病品种**　该方法是防治根肿病最经济有效的措施之一。目前大白菜品种金锦系列、京春CR1、文鼎春宝等及甘蓝品种文甘12抗根肿病，可因地制宜选择种植。

（2）**农业防治**　用温汤浸种处理种子；轮作倒茬避免连作，与非十字花科蔬菜进行3～5年轮作或间套作；疏松土壤，提高土壤的通气性；避免土壤湿度过大，增施有机肥，可施入石灰、草木灰等碱性肥料调节土壤pH为偏碱性；及时清除病株，集中烧毁，并向病穴内施入少量石灰水。

（3）**药剂防治**　发病初期采用土壤喷淋法，每亩喷淋50%氟啶胺悬浮剂250～350毫升或20%氰霜唑悬浮剂80～100毫升进行防治。也可用75%百菌清可湿性粉剂600倍液，或70%甲基硫菌灵可湿性粉剂600倍液灌根防治。还可用枯草芽孢杆菌及黏帚霉等生防菌制剂进行防治。

十字花科叶菜细菌性黑腐病 ·····

近年来，随着我国菜田复种指数的普遍提高，十字花科叶菜细菌性黑腐病的发病程度和发病概率也呈现上升趋势。

田间症状　子叶感病，叶缘初呈黄色萎蔫状，之后逐渐枯死。发病严重时，幼苗萎蔫、枯死或迅速蔓延至真叶。真叶感病，形成黄褐色坏死斑，病斑具明显的黄绿色晕边，病健部界限不明显，且病斑由叶缘逐渐向内部扩展，呈V形，部分叶片发病后向一边扭曲。

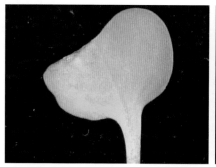

幼苗期发病，子叶叶缘呈黄色萎蔫状

幼苗子叶和真叶严重发病

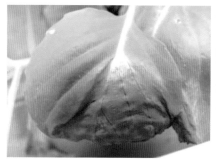

幼苗真叶发病形成V形病斑

甘蓝成株期从叶缘发病

成株期主要为害叶片，叶缘处形成V形的黄褐色病斑，病斑周围具黄色晕圈，病健部界限不明显。病原菌也可沿叶脉向内扩展，形成黄褐色大斑并且叶脉变黑呈网状。病原菌还可通过害虫取食或机械操作造成的伤口侵染，形成不规则黄褐色病斑。田间病害发生严重时，外部叶片可多处被侵染。球茎受害时维管束变为黑色或腐烂，但无臭味，干燥时呈干腐状。

大白菜黑腐病叶片病斑扩展连片

温馨提示

　　花梗和种荚上病斑椭圆形，暗褐色至黑色，与霜霉病的症状相似，但在湿度大时产生黑褐色霉层，有别于霜霉病。

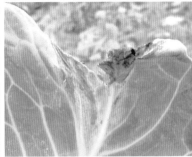

大白菜黑腐病叶片边缘 V 形病斑　　　　甘蓝黑腐病叶片上的 V 形病斑

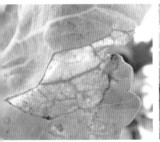

甘蓝黑腐病叶片　　　　甘蓝叶片上不规则黄褐色病斑
上干枯的坏死斑

甘蓝整株枯萎

甘蓝黑腐病田间群体发病状

发生特点

病害类型	细菌性病害
病　原	十字花科蔬菜细菌性黑腐病菌，也称甘蓝黑腐病菌或野油菜黄单胞杆菌野油菜致病变种（*Xanthomonas campestris* pv. *campestris*），为黄单胞杆菌属细菌
越冬场所	病菌在带菌种子、土壤中或土表的植株病残体及杂草上越冬
传播途径	种子传播，雨水、水滴飞溅和灌溉水传播，生物媒介传播，农事操作传播
发病原因	地势低洼，排水不良，早播，与十字花科作物连作，种植过密，管理粗放，植株徒长
病害循环	病原细菌越冬场所 → 种子 → 植株水孔 → 幼苗子叶；病原细菌越冬场所 → 病残体 → 植株水孔和虫伤 → 叶片；初侵染、再侵染 → 病株 ⇄ 健株 ← 雨水、昆虫、肥料

防治适期 苗期和成株期。

防治措施 细菌性病害传播很快，短时间内就能在生产田中造成大规模的暴发流行。对该病害的防治应以预防为主，在发病前或发病初期施药。

（1）**种子处理** 从无病田或无病株上采种，播前对种子进行处理。可用温汤浸种，将种子先用冷水预浸10分钟，再用50℃温水浸20～30分钟；或用药剂消毒，如45%代森铵水剂300倍液浸种20分钟，然后洗净晾干播种；也可用种子重量0.4%的50%福美双可湿性粉剂拌种。

（2）**农业防治** 与非十字花科蔬菜进行2～3年的轮作；播种前深翻土壤，施足基肥；平整地势，适时播种，避免种植过密、植株徒长；合理追肥浇水，雨后及时排水，避免过量施用氮肥；清洁田园，发现发病植株或杂草，应立即拔除，并将其深埋或带到田外烧毁。

（3）**生物防治** 使用生物农药，发病前可以使用60亿芽孢/毫升解淀粉芽孢杆菌LX-11悬浮剂300～500倍液，或100亿芽孢/克枯草芽孢杆菌可湿性粉剂1 200～1 500倍液进行喷雾预防，预防用药间隔期10～15天。

（4）**药剂防治** 在病害发生早期进行防控。可选择50%琥胶肥酸铜可湿性粉剂500倍液，或50%氯溴异氰尿酸可溶粉剂1 500～2 000倍液，或3%中生菌素可湿性粉剂600～800倍液，或2%春雷霉素可湿性粉剂600～1 000倍液，或77%氢氧化铜可湿性粉剂400～500倍液，或20%噻唑锌悬浮剂600～800倍液，或20%噻森铜悬浮剂600～800倍液防治。间隔5～7天喷施1次，连喷2～3次。

> **温 馨 提 示**
>
> 大白菜对铜制剂表现敏感，用药量及用药时间应严格掌握，中午及采收前禁止用药，否则易造成药害。

十字花科叶菜病毒病

田间症状 主要为害叶片，病害发生初期，叶片褪绿呈花叶症状，严重时叶片出现皱缩、畸形，病株相比正常无病植株矮小，生长缓慢。

大白菜病毒病症状

雪里蕻病毒病症状（1级）

雪里蕻病毒病症状（2级）

雪里蕻病毒病症状（3级）

雪里蕻病毒病（4级）发病株（左）
与正常植株（右）

普通白菜病毒病症状

发生特点

病害类型	病毒性病害
病 原	以芜菁花叶病毒（*Turnip mosaic virus*，TuMV）为主，属马铃薯Y病毒科马铃薯Y病毒属。黄瓜花叶病毒（*Cucumber mosaic virus*，CMV）、萝卜花叶病毒（*Radish mosaic virus*，RMV）也可为害
越冬场所	病毒可在带毒种子、病叶和茎组织、田间杂草中越冬，春夏之交时病害最易发生
传播途径	病毒主要靠蚜虫取食汁液进行传播，叶片间的机械摩擦也可感染
发病原因	品种抗病性弱，长期实行连作，与其他毒源植株邻作，气候条件长期处于利于蚜虫传播的高温干旱条件
病害循环	

病毒随病残体及杂草越冬 → 种子带毒或蚜虫传毒（初侵染）→ 植株发病 → 蚜虫传毒 → 菜田发病（再侵染）→ 病毒随病残体及杂草越冬

防治适期 幼苗期和成株期。

防治措施

（1）**选用抗病品种** 选用抗病毒病的叶菜品种。如大白菜抗病品种主要有中白76、北京新5号、珍绿80、锦秋1号、秦白3号、秀翠、胶白7号、金秋68、东白2号、东农906、秋白80等；普通白菜抗病品种有矮抗1号、矮抗2号等；甘蓝抗病品种主要有中甘21、中甘101、寒春4号、惠丰3号、秋甘1号、西园6号和泰甘4号等。

(2) **农业防治** 合理轮间套作,不以十字花科蔬菜为前茬;深翻晒土,施足底肥,增施磷、钾肥;适当缩短蹲苗期,生长前期勤浇水以降温保根;及时清除田间杂草、弱苗和重病株;注意防治蚜虫,治蚜灭蚜,栽培过程中可覆盖防虫网,可适量喷施叶面肥促进植株生长。

(3) **药剂防治** 在病害发生早期进行防控。苗期可用0.15%芸苔素内酯10 000 ~ 15 000倍液,分别在2 ~ 3叶期、移栽前2天和定植后7天,各喷施1次。大田生长期可选择8%宁南霉素可溶粉剂85 ~ 100毫升/亩,或2%氨基寡糖素水剂170 ~ 200毫升/亩,或1.5%植病灵乳剂1 000倍液防治。栽培期防止蚜虫传毒,用2.5%高效氯氟氰菊酯乳油1 000倍液,或10%啶虫脒乳油3 000倍液,或10%吡虫啉可湿性粉剂1 500倍液,间隔5 ~ 7天喷施1次,连喷2 ~ 3次。

大白菜黑斑病

白菜黑斑病

田间症状 主要为害叶片和叶柄。发病初期叶片出现黑色点状病斑,后病斑逐渐扩大,形成黑褐色同心轮纹,病斑周围有时有黄色晕圈,严重时病斑中间穿孔或破裂。湿度大时,在病斑两面产生黑褐色至黑色霉层,发病叶片局部或整片叶发黄。

病斑周围有黄色晕圈

病斑穿孔

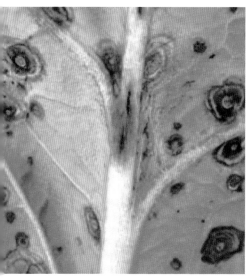

叶片叶脉发病，病斑上有黑色霉层

叶片局部发黄

大白菜黑斑病叶柄症状

大白菜黑斑病田间群体发病状

发生特点

病害类型	真菌性病害
病　原	大白菜黑斑病病原菌为子囊菌门格孢菌科链格孢属（*Alternaria*）真菌。世界上已经报道的可以侵染大白菜引起黑斑病的病原菌有5种，分别是芸薹链格孢（*A. brassicae*）、芸薹生链格孢（甘蓝链格孢）（*A. brassicicola*）、萝卜链格孢（*A. raphanin*）、日本链格孢（*A. japonica*）、链格孢（*A. alternata*），国内报道由芸薹链格孢（*A. brassicae*）与芸薹生链格孢（*A. brassicicola*）引起的白菜黑斑病发生最严重 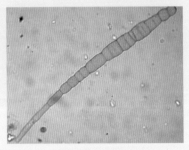 芸薹链格孢显微形态
越冬场所	病菌以菌丝体及分生孢子形态在种子、种株及土表的病残体中越冬
传播途径	在适宜的温度下可以通过雨水、灌溉水再侵染传播，通过伤口和表皮侵染植株
发病原因	品种抗病性弱，栽培密度大，低温阴雨连绵，田间湿度大
病害循环	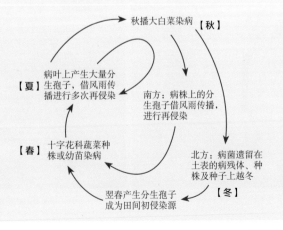

防治适期　苗期和成株期。

防治措施

（1）**选用抗病品种或进行种子处理**　选用抗黑斑病的大白菜品种，如北京新1号、中白2号、秦白3号、郑杂2号等。种子处理，可进行温汤浸种，也可用50%福美双可湿性粉剂或50%异菌脲可湿性粉剂拌种，用量为种子干重的0.2%～0.3%。

（2）**农业防治**　与非十字花科蔬菜轮作2～3年；加强苗期管理，及时间苗、定苗，培育壮苗，定苗后及时中耕，适时浇水，合理追肥；及时清除病残体，带出田外集中烧毁或深埋。

（3）**药剂防治**　在病害发生早期进行防控。可选择50%福美双可湿性粉剂500倍液，或50%异菌脲可湿性粉剂1 000倍液，或10%苯醚甲环唑水分散粒剂1 000～1 200倍液，或2%嘧啶核苷类抗菌素水剂400倍液，或430克/升戊唑醇悬浮剂2 000～3 000倍液等喷施叶面。间隔5～7天喷施1次，连喷2～3次。

大白菜白斑病 ·······················

田间症状　叶片为主要发病部位，病斑初期为灰色小斑点，后逐渐扩展形成圆形白色斑点，后期叶片边缘褪绿并变薄形成穿孔。

白菜白斑病

叶片上的灰白色病斑

病斑具黄绿色晕圈

病斑易开裂穿孔

病斑愈合成片

发生特点

病害类型	真菌性病害
病　原	芸薹新假小尾孢（*Neopseudocercosporella capsellae*，异名 *Pseudocercosporella capsellae*），无性态属丝孢纲；有性态为 *Mycosphaerella capsellae*，属子囊菌门球腔菌科   芸薹新假小尾孢分生孢子梗束生、无色　芸薹新假小尾孢分生孢子针形、无色

（续）

越冬场所	病菌以菌丝体形态在土壤和病残体中越冬，或者以分生孢子形态在种子上越冬
传播途径	可以通过雨水、灌溉水侵染传播，通过伤口和表皮侵染植株，也可通过昆虫带菌传播
发病原因	品种抗病性弱，土地贫瘠，高温，湿度大
病害循环	

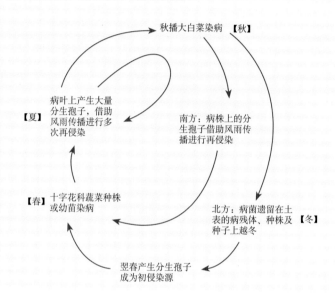

防治适期 成株期。

防治措施

（1）**选用抗病品种或进行种子处理** 选用抗白斑病的大白菜品种，如沈农青丰、鲁白3号、津绿55等对白斑病具有一定的抗性。种子处理，可用50℃温水浸种15分钟，也可用2.5%咯菌腈悬浮剂拌种，用量为种子干重的0.3%～0.4%。

（2）**农业防治** 与非十字花科蔬菜轮作倒茬；培育壮苗，及时清除病残体；选择排水良好的地块，施足腐熟的有机肥，增施磷、钾肥。

（3）**药剂防治** 在病害发生早期进行防控。可用75%百菌清可湿性粉剂600倍液，或70%乙铝·锰锌可湿性粉剂130～400克/亩，或10%苯醚甲环唑水分散粒剂700倍液等药剂，间隔5～7天喷施1次，连喷2～3次。

大白菜猝倒病 ··········

白菜猝倒病

田间症状 主要为害幼苗茎基部，初期产生水渍状斑，后缢缩折倒，湿度大时病部或土表生白色棉絮状物。

大白菜猝倒病症状

发生特点

病害类型	真菌性病害
病　　原	瓜果腐霉（*Pythium aphanidermatum*），为卵菌门霜霉目腐霉属真菌 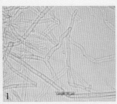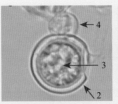 瓜果腐霉形态特征 1.菌丝体 2.藏卵器 3.卵孢子 4.雄器 5.念珠状孢子囊 （引自Hashem Al-Sheikhand Abdelzaher H.M.A.，2010）
越冬场所	病菌以菌丝体、卵孢子形态在土壤、病残体中越冬

（续）

传播途径	可通过土壤传播，适宜条件时通过雨水飞溅、农具或农事操作传播，从气孔或表皮直接侵入
发病原因	品种抗病性弱，栽培密度大，高温高湿，排水不良
病害循环	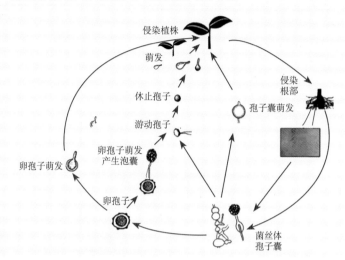

防治适期　苗期。

防治措施

（1）**选用抗病品种**　目前尚无抗猝倒病的品种，可因地制宜选用一些耐低温的品种，能在一定程度上减轻病害发生。

（2）**种子处理**　种子用50℃温水消毒20分钟，或70℃干热灭菌，72小时后催芽播种；也可用35%甲霜灵拌种剂或3.5%咯菌·精甲霜悬浮种衣剂按种子重量的0.6%拌种；还可用72.2%霜霉威水剂800～1 000倍液，或68%精甲霜·锰锌水分散粒剂600～800倍液，或72%霜脲·锰锌可湿性粉剂600～800倍液浸种0.5小时，再用清水浸泡8小时后催芽或直播。

（3）**农业防治**　轮作倒茬避免连作；播种前深翻土壤，及时排水；施足基肥，避免过量施用氮肥；及时清除病残体。

（4）**药剂防治**　在病害发生早期进行防控。可用15%噁霉灵水剂450倍液，或68%精甲霜·锰锌水分散粒剂600～800倍液，或25%吡唑醚菌酯乳油2 000～3 000倍液＋75%百菌清可湿性粉剂600～1 000倍液，或69%烯酰·锰锌可湿性粉剂1 000倍液等喷雾防治。间隔5～7天喷施1次，连喷2～3次。

大白菜丝核菌茎基腐病 ·····································

大白菜丝核菌茎基腐病是近几年大白菜生产中逐渐发展起来的病害，在内蒙古、辽宁、山东、湖北、天津、黑龙江、云南、河北等地呈现出蔓延的趋势，并常被误认为细菌性软腐病。

田间症状 该病主要为害白菜叶柄，初期从叶柄基部发病，病斑大小为1～4厘米，病斑浅褐色且中间着生小黑点，逐渐扩大凹陷成褐色至深褐色大斑，有时病斑表面呈现隐约的轮纹，湿度大时病斑上密生灰白色菌丝，逐渐聚集成团，并形成褐色菌核，后期叶柄腐烂。

发病后叶柄处的浅褐色斑

发病后茎基部的褐色大斑

茎基部腐烂

发病后期，全株腐烂

发生特点

病害类型	真菌性病害

病 原

立枯丝核菌（*Rhizoctonia solani*），为担子菌门角担菌科丝核菌属真菌，该病原菌寄主范围十分广泛，可侵染约43个科263种植物

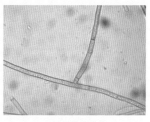

立枯丝核菌菌丝

越冬场所

病原菌主要以菌丝或菌核的形态在土壤或病残体中越冬、存活

传播途径

土壤中的菌丝或菌核可借灌溉水传播；不当的农事操作也会造成病原菌的传播

发病原因

连作，植株缺钾，土壤湿度偏高、土质黏重、透气性差以及排水不良，移栽或中耕过程中伤根较多，使用未经腐熟的肥料

病害循环

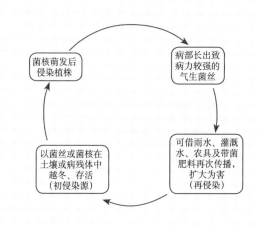

菌核萌发后侵染植株 → 病部长出致病力较强的气生菌丝 → 可借雨水、灌溉水、农具及带菌肥料再次传播，扩大为害（再侵染）→ 以菌丝或菌核在土壤或病残体中越冬、存活（初侵染源）→ 菌核萌发后侵染植株

温馨提示

引起白菜根部及叶柄腐烂症状的不一定是细菌性软腐病。

防治适期 苗期和成株期。

防治措施

（1）**种子消毒** 播种前进行种子消毒，可在50℃的水中浸泡20～30分钟，晾干后播种；也可用种子重量0.3%的50%福美双可湿性粉剂拌种，可以有效降低种子带菌率。

（2）**农业措施** ①在生产收获后，要及时清除病残体和杂草，减少初侵染源。②及时拔除病苗、清理病叶等，并带出田外集中销毁，减少传播蔓延；雨后中耕破除板结，使土壤疏松通气，增强白菜幼苗的抗病能力。

（3）**药剂防治** 白菜丝核菌茎基腐病应以预防为主，尤其是在雨水频发的季节，要及早预防，并且在发现染病植株后及时防治。可用5%井冈霉素可溶粉剂800倍液，或9%吡唑醚菌酯悬浮剂1 500～2 000倍液，或60%唑醚·代森联水分散粒剂2 000倍液，或240克/升噻呋酰胺悬浮剂3 000～4 000倍液，或250克/升嘧菌酯悬浮剂1 500～2 000倍液进行全株喷淋结合灌根防治。每隔7天叶面喷雾防治1次，整个生长季每种药剂至多连续使用2～3次，注意药剂交替使用，延缓抗药性产生。

白菜黑胫病 ······················

田间症状 主要为害叶片和茎部，叶片发病初期形成黄褐色枯死斑，病斑处有小黑点。茎部发病时形成梭形黄褐色坏死斑，严重时引起茎部枯死。

普通白菜黑胫病症状　　　　　　　　　　大白菜黑胫病症状

发生特点

病害类型	真菌性病害
病　原	双球小球腔菌（*Leptosphaeria biglobosa*），为子囊菌门小球腔菌属真菌
越冬场所	病菌能够以子囊孢子和假囊壳的形态在土壤和病残体中越冬休眠
传播途径	可通过种子带菌传播，能够伴随气流和雨水传播到邻近的健康植株上，条件适宜时子囊孢子萌发，通过植株自然孔口或伤口侵入植株健康组织
发病原因	种子带菌，品种抗病性弱，空气湿度大，地面积水，常年连作
病害循环	

假囊壳释放子囊孢子，子囊孢子萌发形成芽管，从伤口、自然孔口侵入（初侵染）

随雨水和气流传播

以子囊孢子和假囊壳形态潜伏在土壤、病残体中越冬

病斑处产生分生孢子（再侵染源）

防治适期　成株期早期。

防治措施

（1）**种子处理**　可用50℃温水浸种20分钟进行灭菌。也可用种子重量0.3%～0.4%的70%甲基硫菌灵可湿性粉剂拌种。

（2）**农业防治**　施用充分腐熟的农家肥，采用高垄或高畦栽培；适时播种，合理密植；进行轮作倒茬；少施氮肥，多施磷、钾肥，适时浇水；及时拔出病株，清理病残体和杂草。

（3）**药剂防治**　发病初期用75%百菌清可湿性粉剂600倍液，或70%甲基硫菌灵可湿性粉剂1 000倍液喷施。一般每隔7～10天喷1次，连喷2～3次即可起到防治效果。

白菜根结线虫病

田间症状 主要为害植株根部，以侧根和须根受害严重，病害发生后根部形成球状或圆锥形大小不一的瘤状物，初期为白色，后逐渐变为褐色。根部受害导致植株矮小。

白菜根结线虫病症状

发生特点

病害类型	线虫病害
病　原	以南方根结线虫（*Meloidogyne incognita*）为害最广，属线形动物门线虫纲垫刃目根结线虫科根结线虫属
越冬场所	以卵、幼虫、雌虫等形态在土壤、粪肥或者病残体中越冬

（续）

传播途径	通过根部表皮侵入，主要靠土壤、灌溉水及农事操作传播
发病原因	土壤偏酸性，常年连作，气候温暖湿润
病害循环	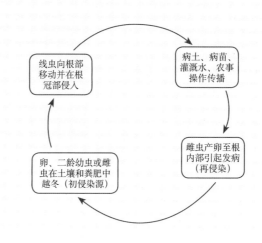

防治适期 播种前。

防治措施

（1）**选用抗病品种** 选用抗根结线虫的品种。

（2）**农业防治** 轮作倒茬避免连作，水旱轮作；播种前深翻土壤，及时排水；合理施肥，避免过量施用氮肥。

（3）**药剂防治** 在发病初期用5%阿维菌素颗粒剂3 000～3 500克/亩，或10%噻唑膦颗粒剂1 500～2 000克/亩，进行土壤撒施。

大白菜干烧心病 ······

田间症状 莲座期心叶边缘干黄，向内卷曲；结球初期，球叶边缘呈水渍状、黄色透明，后逐渐发展成黑褐色、向内卷的焦边；包心不紧密，剖开叶球可见部分叶片叶缘发黄变干、叶脉呈暗褐色、叶肉组织水渍状，甚至呈薄纸状，具有发黏的汁液，但不软腐，也不发臭，病健部界限明显，最终表现为干枯。

大白菜干烧心病症状

易混淆病害

病害	大白菜干烧心病	大白菜病毒病（叶片坏死）	大白菜黑腐病
症状	病斑为均匀的浅灰褐色，病叶发软干腐	坏死病斑中有很多星状小点	黑腐病侵染叶球往往是由外向内发展，而且维管束多呈褐色状

发生特点

病害类型	生理性病害
发病原因	由钙素供应不足或是逆境胁迫而引起钙营养失调

防治适期 莲座末期至包心期。

防治措施

（1）**选用抗病品种**　一般直筒拧抱类型的品种比卵圆叠抱类型的大白菜抗病，如津绿55为抗干烧心病品种，京春王等为耐干烧心病品种。

（2）**农业防治**　①适播期内，适当晚播可减轻干烧心病的发生程度。②选择土质疏松、排水良好的地块种植大白菜，增施有机肥，改善水质（灌溉用水中的氯化物含量增高，干烧心病发病率加重），均匀灌溉，适当中耕。③切忌单一、过量施用氮肥，注意氮、磷、钾肥配合施用，莲座后期适当进行人工辅助包心。④酸性土壤可增施石灰，调节土壤酸碱度至中性，以利于根系对钙的吸收。大白菜莲座中期叶面喷施氯化钙，每千克0.7%氯化钙溶液中加50毫克萘乙酸，集中向心叶喷洒，隔7～10天喷1次，连续喷4～5次。

甘蓝枯萎病

田间症状　病斑初期由植株外叶逐渐往内叶发展，病叶逐渐褪绿黄化，后全叶变黄，叶柄的叶脉和短缩茎的维管束明显变褐；甘蓝结球期个体变小，包心不实，产量明显下降，发病严重的植株无法结球，最后萎蔫死亡。病株根系明显减少。

甘蓝枯萎病田间表现

甘蓝枯萎病叶片变黄变褐

发生特点

病害类型	真菌性病害
病　原	尖孢镰孢十字花科专化型（*Fusarium oxysporum* f.sp. *conglutinans*），为子囊菌门丛赤壳科镰孢属真菌 　　　病原菌分生孢子　　　　　病原菌厚垣孢子
越冬（越夏）场所	病菌主要以菌丝体、分生孢子及厚垣孢子等形态随植株病残体在土壤中或种子上越冬或越夏
传播途径	在适宜的温度下可以通过土壤、粪肥、雨水、灌溉水进行侵染传播，通过根部伤口和表皮侵染植株
发病原因	品种抗病性弱，栽培密度大，常年连作

（续）

| 病害循环 | 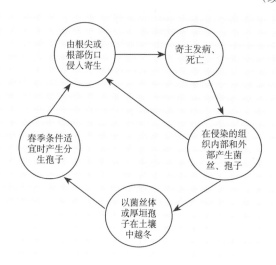 |

防治适期 苗期及成株期。

防治措施

（1）**选用抗病品种** 选用抗枯萎病的甘蓝品种，如中甘96、中甘18、珍奇、绿太郎、夏强、百惠等。

（2）**种子处理** 可用种子重量0.3%的50%多菌灵可湿性粉剂拌种，或者用种子重量3%的2.5%咯菌腈种衣剂进行包衣处理。

（3）**农业防治** 与非寄主如谷类、玉米及非十字花科蔬菜如葫芦科、茄科等进行5年以上轮作；适期播种，调整移栽期，避开发病高峰期，培育壮苗；清除前茬和田间发病植株及病残体；适时浇水，合理追肥。

（4）**药剂防治** 在病害发生早期进行防控。可用50%苯菌灵可湿性粉剂1 500倍液，或40%多·硫悬浮剂500倍液，间隔15天喷施1次，连喷2～3次。

雪里蕻白粉病 ·····················

田间症状 该病主要为害叶片及茎部，病害发生时病斑产生白色粉状霉层，后期发展形成黄褐色斑点。

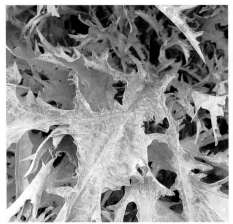

雪里蕻叶片上的白色粉状霉层

发生特点

病害类型	真菌性病害
病　　原	十字花科白粉病菌（*Erysiphe cruciferarum*），为子囊菌门白粉菌科白粉菌属真菌
越冬场所	病菌以闭囊壳形态在病残体和土壤中越冬
传播途径	在适宜温度下可以通过气流进行侵染传播，孢子萌发后通过伤口和表皮侵染植株
发病原因	品种抗病性弱，栽培密度大，高温
病害循环	

病害循环图：

闭囊壳释放子囊孢子或菌丝释放分生孢子 → 分生孢子产生芽管和吸器自表皮侵入 → 病斑产生大量子囊孢子和分生孢子，后期形成闭囊壳（再侵染）← 风雨等传播 ← 闭囊壳在病残组织越冬（初侵染源）→ 闭囊壳释放子囊孢子或菌丝释放分生孢子

防治适期　成株期。

防治措施

（1）**农业防治**　轮作倒茬避免连作；播种前深翻土壤，施足基肥；适时播种，合理浇水追肥，及时排水，避免过量施用氮肥；及时清除病残体和杂草。

（2）**药剂防治**　在病害发生早期进行防控。可选择25%吡唑醚菌酯乳油1 000倍液，或10%苯醚甲环唑水分散粒剂1 000倍液，间隔5～7天喷施1次，连喷2～3次。

菠菜霜霉病

田间症状　主要为害叶片，发病初期叶片产生淡绿色小点，边缘不明显，后形成褪绿病斑，进一步扩大成不规则淡黄色病斑，直径3～17毫米，后期湿度大时在叶背面形成灰紫色霉层，严重时霉层连成片。夜间有露水时易发病，病斑从植株下部向上不断延伸；低温高湿条件下发病最严重，干旱时叶片枯黄，湿度大时叶片腐烂，最终导致植株变黄枯死。

发病初期叶片产生淡绿色小点

边缘不明显，形成褪绿斑

不规则淡黄色病斑

菠菜霜霉病

后期湿度大时在叶背面形成灰紫色霉层　　霉层连成片

发生特点

病害类型	真菌性病害
病　原	粉霜霉菠菜专化型（*Peronospora farinosa* f. sp. *spinaciae*），为卵菌门霜霉科霜霉属真菌。是一种专性寄生菌，只能在菠菜活体植株上存活，具有生理分化现象 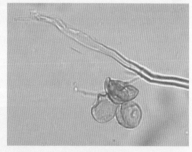 病原菌孢囊梗　　　　　　　　病原菌孢子囊
越冬场所	以菌丝体在秋播菠菜病叶、种子上或以卵孢子形态在土壤中的病残体上越冬
传播途径	常附着在叶片表皮毛上借助气流、雨水、机械和人为的传播不断蔓延
发病原因	温度6～10℃，湿度大，种植密度高

（续）

病害循环	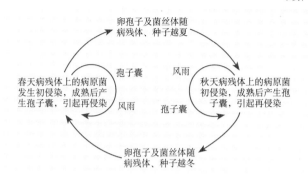

防治适期　成株期。

防治措施

（1）**选用抗病品种**　据报道，萨沃杂交种612号和621号、巴恩蒂、鲍纳斯、杜埃特、华菠1号、春秋大叶和全能菠菜等对霜霉病有一定的抗性。

（2）选择健壮植株留种，防止种子带病传播。若种子带菌，可用种子重量0.3%的25%甲霜灵可湿性粉剂拌种消毒。

（3）**农业防治**　加强田间管理，播种前及时彻底清除残株落叶，精细整地，施足充分腐熟的有机肥，提高植株抗病能力；与不同作物实行2年以上的轮作；合理密植、科学浇水，防止大水漫灌，加强放风，降低湿度；早春及时观察田间症状，及时拔除发病植株，防止病害蔓延。

（4）**药剂防治**　植株发病前或发病初期，每亩用45%百菌清烟剂220克均匀放在垄沟内，密闭棚室，点燃烟熏，次日早晨再通风。发现小面积发病植株后，及时喷洒72%霜脲·锰锌可湿性粉剂800～1 200倍液，或72.2%霜霉威盐酸盐水剂800～1 200倍液，或50%烯酰吗啉水分散粒剂2 500～3 000倍液，隔7天喷1次，连喷2～3次。各药剂交替使用，防止产生抗药性。

菠菜炭疽病 ·······

田间症状　为害营养生长期的菠菜叶片与叶柄。病斑初期为淡黄色，近圆形，可布满整片叶，后期变为枯黄色，并变薄呈纸状；气候潮湿时，病

菠菜炭疽病

斑周围呈水渍状。病斑可以相互愈合成片，不规则或成片枯黄，受害严重时叶片会提早枯死；气候干燥时病斑极易开裂，病叶出现裂纹。在枯黄病斑中央，产生密集的黑色小颗粒，排列成轮纹状。

菠菜炭疽病叶片正面症状

菠菜炭疽病叶片背面症状

发生特点

病害类型	真菌性病害
病　原	菠菜炭疽病的病原有两种：束状炭疽菌（*Colletotrichum dematium*）和菠菜炭疽菌（*C. spinaciae*），均为子囊菌门小丛壳科炭疽菌属真菌  束状炭疽菌分生孢子盘与分生孢子
越冬场所	以菌丝体在越冬菠菜上或随病残体在土壤中越冬
传播途径	分生孢子通过风吹、雨溅、灌溉水或农具传播，小昆虫身体往往会黏附分生孢子，通过昆虫活动也可传播病菌

发病原因	种植密度高，田间密闭不透风，田间相对湿度较高，降雨和浇水过多，阴雨天持续时间长，地势低洼排水不畅，常年连作，土壤贫瘠，施肥不足或过高，管理粗放
病害循环	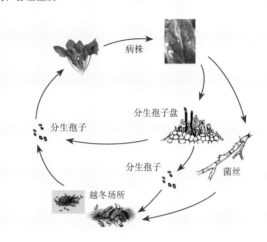

防治适期 成株期。

防治措施

（1）**种子处理** ①温汤浸种，播种前将种子在50℃热水中浸10分钟，捞出后立即用凉水冷却，晾干后播种。②药剂处理，可用种子重量0.4%的50%多菌灵可湿性粉剂拌种，或用25%咪鲜胺乳油3 000倍液浸种24小时，或用80%乙蒜素乳油5 000倍液浸种24小时，捞出晾干后即可播种。

（2）**农业防治** ①清洁田园，及时清理病残体和杂草，集中销毁。深翻土壤，将病残体埋入土中，或种植前耕翻晒土，减少初侵染菌源。②避免重茬，在无病菌田育苗，或用药土处理苗床土壤。重病田可与其他作物轮作3年以上。③加强田间管理，适时播种，合理密植，增加株间通风透光条件，保护地浇水后要通风排湿。每亩施优质有机肥400～450千克，适当追施复合肥。在田块四周开排水沟，适时适量浇水。

温馨提示

　施用的有机肥一定要腐熟，不能带有病株残体，否则其中的病菌仍能传病。严禁连续浇水和大水漫灌，防止浇水时水滴溅起传播病菌。

（3）**药剂防治** 在发病初期可喷洒70%代森锰锌可湿性粉剂500倍液，或50%多菌灵可湿性粉剂500～600倍液，或70%甲基硫菌灵可湿性粉剂700倍液，或75%百菌清可湿性粉剂800倍液，间隔7～10天用药1次，连续用药2～3次。

莴苣霜霉病 ·····················

田间症状 发病初期叶片出现褪绿变黄病斑，外界环境持续低温高湿时，会产生水渍状、半透明坏死斑，病斑比周围健康组织薄，叶背面病斑仍可见白色霜状霉层；病斑多受叶脉限制，呈不规则多角形；发病中期湿度大时，叶片背面和正面产生大量白色霜状霉层，即病原菌孢囊梗和孢子囊。

发病初期叶片上的褪绿黄色病斑

水渍状、半透明的坏死斑

叶背面病斑可见白色霉层

发病中后期，叶片背面产生大量白色霉层

发生特点

病害类型	真菌性病害
病　原	莴苣盘霜霉（*Bremia lactucae*），为卵菌门霜霉科霜霉属真菌 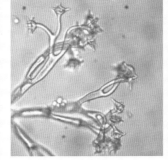 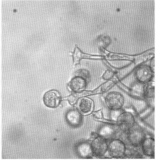 病原菌孢囊梗　　　　　　　　病原菌孢子囊
越冬（越夏）场所	病原菌以菌丝形式在病株组织内或以卵孢子随病残体在土壤中越冬、越夏
传播途径	主要靠气流和雨水传播
发病原因	种植过密，通风透光差，氮肥施用过多，浇水多、排湿不及时，常年连作
病害循环	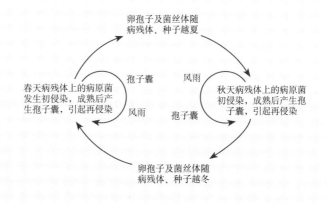

防治适期 成株期。

防治措施

（1）**选用抗病品种** 抗霜霉病莴苣品种表现出一定的地方性，因此在种植时，一定要因地制宜，选用在当地表现抗病的品种。一般根、茎、叶带紫色或深绿色的品种比较抗霜霉病，如红皮莴笋、尖叶子、青麻叶和万年桩莴苣等。

（2）**种子处理** 可用种子重量0.2%的40%拌种双粉剂拌种，还可用种子重量0.1%的35%甲霜灵拌种剂拌种。

（3）**农业防治** 加强田间管理，可与非菊科作物实行2年以上轮作；清除病株和病残体带出田外集中烧毁；雨天应及时清沟排渍，少淋施，多露晒，避免形成高湿环境。

（4）**药剂防治** ①定植前用药，播种前可用50%烯酰吗啉可湿性粉剂2 000倍液淋施植株根际土。②成株期施药，可选用50%烯酰吗啉可湿性粉剂1 000 ～ 1 500倍液，或72%霜脲·锰锌可湿性粉剂1 500倍液，或68.75%氟菌·霜霉威悬浮剂800倍液，或10%氟噻唑吡乙酮可分散油悬浮剂5 000倍液等，每隔7 ～ 10天喷施1次，连喷2 ～ 3次。

另外，还可用弥粉法施药防治，如选用超细75%百菌清可湿性粉剂100克/亩，或50%烯酰吗啉可湿性粉剂50克/亩配合精量电动弥粉机施用防治。

温 馨 提 示

注意叶片正面和叶片背面都要喷施，重点喷施叶片背面。同时注意不同类型药剂交替使用，避免产生抗药性。

莴苣灰霉病

田间症状 该病主要为害叶片，病害发生初期，叶片呈褐色，并出现软化，随着植株生长，病斑面积逐渐扩展至整个叶片；环境湿度大时，病斑处出现灰褐色的霉状物。

莴笋灰霉病叶部症状

莴笋灰霉病茎部症状

生菜灰霉病叶片变褐色

生菜灰霉病症状

生菜灰霉病发病处的灰褐色霉状物

发生特点

病害类型	真菌性病害
病　　原	灰葡萄孢（*Botrytis cinerea*），为子囊菌门核盘菌科葡萄孢属真菌
越冬场所	病菌以菌核或菌丝体在土壤中越冬，或者以分生孢子形态在病残体上越冬，冬春之交时病害最易发生
传播途径	通过雨水、气流进行侵染传播
发病原因	空气相对湿度大及低温阴雨天气是影响灰霉病发生的重要因素
病害循环	

病害循环示意图：

借助风雨传播到寄主上 → 借助气流传播 → 病株 → （再侵染）病部产生分生孢子 → 菌核萌发出菌丝体并产生分生孢子梗及分生孢子 → 病菌随病残体在土壤中越冬

防治适期 成株期。

防治措施

（1）**农业防治** 轮作倒茬，避免连作，可与禾本科作物实行2～3年轮作；播种前深翻土壤，施足基肥；雨天及时清沟排水；合理追肥，避免过量施用氮肥，适时浇水灌溉；及时清洁田园，清除病残体并带到田外集中烧毁。

（2）**化学防治** 在病害发生早期进行防控。可选择50%多菌灵可湿性粉剂500倍液，或50%锰锌·氟吗啉可湿性粉剂1 000倍液，或75%百菌清可湿性粉剂600倍液，或50%腐霉利可湿性粉剂600～700倍液，或

50%乙烯菌核利可湿性粉剂1 000 ~ 1 500倍液，或50%异菌脲可湿性粉剂1 000 ~ 1 500倍液，间隔5 ~ 7天喷施1次，连喷2 ~ 3次。

莴苣、芹菜菌核病 ····················

田间症状 整个生育期均可发病，主要为害叶柄和茎基部。幼苗期感染病原菌后，育苗田块会出现大面积的幼苗猝倒。成株期茎基部受害呈水渍状褐色凹陷，发病植株容易拔起，拔出后可见根部变褐，后期茎基部呈湿腐状，表面生出白色菌丝。病害继续向上发展，靠近地面的叶片和叶柄最先感病，逐渐向上部蔓延形成叶腐。气候干燥时，叶片呈干腐状，湿度大时，叶片呈湿腐状腐烂，上面生浓密的白色棉絮状菌丝，后期形成鼠粪状黑色菌核，致植株腐烂或枯死。

莴苣菌核病症状

育苗田生菜发生菌核病致幼苗猝倒

生菜菌核病植株基部呈湿腐状，表面生出白色菌丝

生菜菌核病发病幼苗根部变褐

生菜菌核病发病叶柄处呈水渍状

生菜菌核病叶片发病后呈干腐状

生菜菌核病病部形成鼠粪状黑色菌核

生菜菌核病整株腐烂

油麦菜菌核病病部的鼠粪状黑色菌核

芹菜菌核病茎基部受害状

芹菜菌核病苗期症状　　　　　　芹菜受害处湿腐，表面生白色菌丝

发生特点

病害类型	真菌性病害
病　　原	核盘菌（*Sclerotinia sclerotiorum*），为子囊菌门锤舌菌纲柔膜菌目核盘菌科核盘菌属真菌
越冬（越夏）场所	病菌以菌核在土壤中越冬、越夏，或混于病残体、种子中越冬、越夏；在冬季温暖的保护地，菌丝可以在寄主内越冬
传播途径	农事操作传播，雨水和灌溉水传播，气流传播
发病原因	气温20℃、相对湿度85%以上时适合病害发生，因此冬春低温季节遇长期阴雨天气发病重。植株密度过大、通风透光差、地势低洼、排水不良及偏施氮肥的田块发病重。保护地栽培中，高湿环境亦能诱致病害增重

（续）

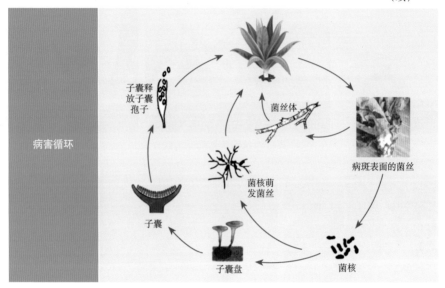

防治适期 幼苗期及成株期。

防治措施

（1）**无病种苗定植** 用无病土和健康种子育苗，移栽前检查种苗发病情况，剔除带病种苗。播种前每千克种子可以使用25克/升咯菌腈悬浮种衣剂1.5～2毫升进行拌种处理。另外，可在定植前用50%腐霉利可湿性粉剂1 500倍液喷淋植株，杜绝带菌苗定植。

（2）**农业防治** ①与非寄主植物实行2～3年轮作，若无条件轮作，则可进行深翻整地。②采用高畦覆膜栽培，及时清除病残体。③施用腐熟的有机肥作为基肥，不偏施氮肥，增施磷、钾肥。适量浇水，沿田块四周挖深沟，做到雨后能及时排水。④合理密植，铲除田间杂草，改善通风透光条件；保护地应及时通风排湿，低温时采取保温措施，防止冻伤。

（3）**药剂防治** 田间发病前建议使用生物农药进行预防，可以使用40亿孢子/克盾壳霉ZS-1SB 800～1 000倍液定期预防，预防用药间隔期15～20天。发病后要及时清除中心病株，并进行药剂防治。发病初期可选用25.5%异菌脲悬浮剂1 000倍液，或50%啶酰菌胺水分散粒剂2 000倍液，或50%腐霉·福美双可湿性粉剂1 000倍液喷雾防治，喷施部位主要是芹菜、莴苣的茎基部和近地面叶片。

芹菜斑枯病 ···

田间症状 芹菜斑枯病又称晚疫病、叶枯病，俗称"火龙"。该病主要为害叶片，也为害叶柄和茎。叶片发病可出现两种症状：一种是老叶先发病，后传染到新叶上，叶上病斑多散生，大小不等，最初为淡褐色油渍状小点，后逐渐扩大，中部呈褐色坏死，病斑边缘明显，呈深褐色，中间散生少量小黑点；另一种病斑早期症状与前一种相似，后期中部呈黄白色或灰白色，边缘聚生很多黑色小粒点，病斑外常具一圈黄色晕环，且病斑直径不等。茎部染病多形成褐色病斑，略凹陷，病部散生黑色小点。

芹菜斑枯病茎部被害状

芹菜斑枯病叶部被害状

发生特点

病害类型	真菌性病害
病 原	芹菜生壳针孢（*Septoria apiicola*），为子囊菌门壳针孢属真菌
	病菌分生孢子器逸出分生孢子　　　　　病菌分生孢子
越冬场所	主要以菌丝体潜伏在种皮内或病残体及病株上越冬
传播途径	通过雨水飞溅、漫灌水流和农事操作进行传播
发病原因	冷凉，高湿，多阴雨天气，昼夜温差大
病害循环	产生菌丝体和分生孢子器 → 种子带菌和土壤中的病残体越冬 → 产生分生孢子 → 初次侵染幼苗，形成病斑 → 释放大量分生孢子 → 再次侵染叶片和叶柄

防治适期 苗期和成株期。

防治措施

芹菜斑枯病

（1）**种子处理**　用48 ～ 50℃温水浸种30分钟，再用凉水浸泡降温后晾干播种。也可采用药剂浸种，如用75%百菌清可湿性粉剂700倍液浸种4 ～ 6小时。

（2）**农业防治**　①轮作，有计划地安排2 ～ 3年轮作换茬，以减少初侵染源。②分期播种，可有效避开发病高峰期，降低发病率，减少菌源。③适当密植，栽植过密或间苗除苗不及时，常造成通风不良，株间湿度大，易发病。④加强田间管理，看苗追肥浇水，基肥要充足，追肥要增施磷、钾肥，控制氮肥的用量，农家肥要充分腐熟。保护地芹菜栽培，白天温度控制在15～20℃，高于20℃及时放风，夜间10～15℃，缩小昼夜温差，减少结露；切勿大水漫灌，防止湿度过大或农用膜结露珠、水滴。发病初期及时清除病叶、病茎等，带到田外集中沤肥或深埋销毁，以减少菌源，收获后彻底清除田间病残落叶。

（3）**药剂防治**　发病前及发病初期，保护地可选用45%百菌清烟剂，每亩用量200～250克，隔5天左右熏1次，连熏2～3次。发病初期可用10%苯醚甲环唑水分散粒剂1 000～1 500倍液，或80%甲基硫菌灵可湿性粉剂1 200～1 500倍液，或25%嘧菌酯悬浮剂3 500～4 500倍液，或25%咪鲜胺乳油1 500～2 000倍液叶面喷雾防治。每隔5～7天喷1次，连喷2～3次。

芹菜尾孢叶斑病 ....

田间症状　芹菜尾孢叶斑病主要为害叶片，也为害茎和叶柄。植株受害时，首先在叶边缘发病，逐步蔓延到整个叶片，病斑初为黄绿色水渍状小点，后扩展成近圆形或不规则灰褐色坏死斑，边缘不明显，呈深褐色，不受叶脉限制。空气湿度大时病斑上产生灰白色霉层，即病菌分生孢子梗和分生孢子，严重时病斑扩大成斑块，最终导致叶片变黄枯死。茎或叶柄受害时，病斑椭圆形，开始时为黄色，逐渐变成灰褐色凹陷，茎秆开裂，后缢缩、倒伏，温度高时亦产生灰白色霉层。

芹菜尾孢叶斑病茎部被害状

芹菜尾孢叶斑病叶部被害状

发生特点

病害类型	真菌性病害
病　原	芹菜尾孢（*Cercospora apii*），为子囊菌门尾孢属真菌  　　芹菜尾孢分生孢子梗　　　　　　　芹菜尾孢分生孢子
越冬场所	以菌丝体附着在种子或病残体上越冬
传播途径	分生孢子可通过雨水飞溅、漫灌水流、气流、农具、昆虫和田间农事操作传播
发病原因	高温多雨或高温干旱，夜间叶片结露持续时间长，芹菜生长期缺水、缺肥、浇水过多
病害循环	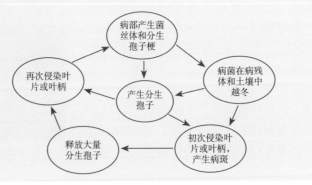

防治适期 苗期、成株期。

防治措施 药剂浸种，可用50%福美双可湿性粉剂600倍液浸种50分钟。其他同芹菜斑枯病。

芹菜软腐病 ··································

田间症状 叶柄基部和根茎部容易发生。发病初期叶柄基部先出现水渍状、淡褐色的圆点，之后扩大成纺锤形或不规则的凹陷斑，条件适宜时病斑迅速向上、下扩展和向茎内部发展，并逐渐转为褐色或深褐色。田间湿度较大时，病部呈湿腐状，叶柄萎蔫下垂、腐烂、发臭，腐烂处伴有黄白色黏稠物。

芹菜软腐病

芹菜软腐病茎部腐烂

芹菜软腐病整株腐烂

芹菜软腐病茎部折断

芹菜软腐病茎基部呈湿腐状

发生特点

病害类型	细菌性土传病害
病　原	胡萝卜果胶杆菌（*Pectobacterium carotovorum*），属薄壁菌门果胶杆菌属细菌
越冬场所	随病残体在土壤堆肥、留种株或保护地的植株上及田间的杂草根围越冬
传播途径	借雨水、灌溉水、昆虫、农事操作等传播，花蝇、麻蝇等昆虫传播
发病原因	高温高湿的环境，地势低易积水，排水不良，多年连作地块，基肥不足，氮肥过多，秋茬种植过早，植株密度过大，田间通透性差，地下害虫较多
病害循环	病原细菌随病残体在土壤中越冬 → 越冬病原细菌初侵染芹菜叶柄基部 → 病株产生大量病原细菌 → 病原细菌再次侵染田间植株

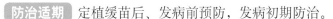

防治适期　定植缓苗后、发病前预防，发病初期防治。

防治措施

（1）**培育壮苗**　可选择纸钵育苗或者纸钵基质育苗，带钵定植，防止损伤幼苗根系。

（2）**农业防治**　与茄果类或瓜类作物轮作2～3年；及时清除病株和病残体，集中销毁；科学灌水，发病期尽量少浇水或停止浇水，雨后及时排水；施足腐熟的有机肥做基肥，适当增施磷、钾肥。

（3）**药剂防治**　定植后，每亩用2%氨基寡糖素水剂200～250毫升，或者6%寡糖·链蛋白可湿性粉剂75～100克兑水喷雾预防。发病初期，每亩用100亿芽孢/克枯草芽孢杆菌可湿性粉剂60克，或50%氯溴异氰尿酸可溶粉剂60克，或60亿芽孢/毫升解淀粉芽孢杆菌LX-11悬浮剂150克，或2%春雷霉素可湿性粉剂800倍液，或20%噻森铜悬浮剂1 000倍液，或3%中生菌素600～800倍液喷雾防治。间隔7天喷1次，视病情确定防治次数。

芹菜灰霉病 ···

田间症状　主要为害叶片和茎部。叶片发病，由叶缘向内发展，形成浅褐色V形病斑，也可能形成轮纹状病斑，湿度大时病斑上附有灰色霉层，病斑软腐，干燥时病部干枯内卷。茎秆发病，初期为水渍状病斑，病部软腐或萎蔫，有浓密的灰色霉层。

芹菜灰霉病叶部症状

芹菜灰霉病茎部萎蔫，布满灰色霉层

芹菜灰霉病植株软腐，
并有浓密的灰色霉层

发生特点

病害类型	真菌性病害	
病　　原	灰葡萄孢（*Botrytis cinerea*），为子囊菌门核盘菌科葡萄孢属真菌	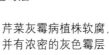 灰葡萄孢分生孢子
越冬场所	病菌主要以菌核越冬，也能以菌丝体或分生孢子随病残体遗落在土中越冬	
传播途径	借助气流、雨水、灌溉水、田间农事操作传播	

（续）

发病原因	低温高湿的环境，种植密度过大，放风不及时，分苗移栽时伤根、伤叶
病害循环	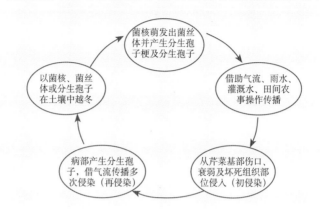

防治适期　苗期预防，发病初期防治。

防治措施

（1）**农业防治**　清洁田园，清除病残体，带出田外集中销毁；合理密植，保持通风透光；施用腐熟农家肥做基肥，不偏施氮肥，配施磷、钾肥；适时灌溉，保持水分充足；深翻土壤，高温闷棚15～20天，并用烟剂熏蒸，杀灭土壤和空气中的病菌。

（2）**生物防治**　苗期可用3亿CFU/克哈茨木霉可湿性粉剂6克/米²预防；定植缓苗后可用1 000亿芽孢/克枯草芽孢杆菌可湿性粉剂3 000倍液喷雾预防；发病初期可用10亿孢子/克木霉可湿性粉剂1 500倍液，或3亿CFU/克哈茨木霉可湿性粉剂600倍液喷雾防治。

（3）**化学防治**　同莴苣灰霉病。

芹菜立枯病 ·······

田间症状　主要为害地下根部和幼苗茎基部。发病初期在茎基部产生近椭圆形或不规则的暗褐色斑，稍凹陷，病部扩展绕茎1周后导致茎部折断，植株死亡。田间湿度大时，病斑呈水渍状腐烂，病部出现白色菌丝，干燥环境下病斑变褐干裂。

芹菜立枯病

芹菜立枯病症状

发生特点

病害类型	真菌性病害
病　原	立枯丝核菌（*Rhizoctonia solani*），为担子菌门角担菌科丝核菌属真菌
越冬场所	以菌丝体或菌核在土壤中越冬
传播途径	随着雨水、灌溉水、农事操作及农机具传播
发病原因	高温高湿环境，播种过密、间苗不及时，床土湿润
病害循环	侵入芹菜小苗根颈，引起田间初侵染 → 形成病株 → 病部产生菌丝或菌核，导致田间病害的再侵染 → 菌丝或菌核在土壤中越冬 → 菌丝萌发繁殖 → 侵入芹菜小苗根颈，引起田间初侵染

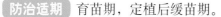

防治适期 育苗期，定植后缓苗期。

防治措施

（1）**育苗床土消毒处理** 可用25%甲霜灵可湿性粉剂，或50%多菌灵可湿性粉剂等，每100克药剂加5千克细干土，充分拌匀后制成药土，施药前先将苗床浇透底水，待水下渗后先将1/3药土均匀撒施在苗床上，播完种后再把其余2/3药土覆盖在种子上面。

（2）**种子处理** 可选用75%代森锰锌可湿性粉剂，或50%多菌灵可湿性粉剂，或70%甲基硫菌灵可湿性粉剂等15倍液拌种，晾干后播种。

（3）**农业防治** ①适期播种育苗，高温干旱天气及时浇水，阴雨天气适当控制浇水，通风排湿，苗床湿度过高时，可撒施一些干草木灰，以利于培育壮苗。②苗床实行3年以上轮作。③清除病残体和病株，带到田外集中销毁；施用有机肥做基肥，追肥时控制氮肥的施用量，并增施磷、钾肥；降水后及时排水。

（4）**药剂防治** ①苗期防治。苗床初现萎蔫症状时，可用70%甲基硫菌灵可湿性粉剂800倍液，或50%多菌灵可湿性粉剂500倍液，或40%百菌清可湿性粉剂800倍液，或50%异菌脲可湿性粉剂800～1 000倍液等，间隔7～10天喷洒1次，连喷2～3次。②定植后防治。发病前每亩可用2%氨基寡糖素水剂200～250毫升，或者6%寡糖·链蛋白可湿性粉剂75～100克，兑水喷雾预防。发病初期，每亩用1亿CFU/克枯草芽孢杆菌微囊粒剂100～167克，或40%二氯异氰尿酸钠可溶粉剂60克，兑水喷雾防治；或3亿CFU/克哈茨木霉可湿性粉剂灌根防治。间隔7天防治1次，视病情确定防治次数。

蕹菜白锈病 ....

田间症状 主要为害叶片，也可为害叶柄、茎和根。被害叶片正面最初出现黄绿色至黄色近圆形或不规则斑点，后渐变褐色，大小不等；在相应的叶背面出现白色至黄褐色，近圆形、椭圆形或不规则，稍隆起状疱斑，即孢子囊堆，以后疱斑越来越隆起，最终破裂散出白色粉末，即孢子囊；严重时，疱斑较密，相互连接，导致病叶皱缩肥厚、凹凸不平，最后干枯脱落；叶柄、茎部或根部受害时，患病处变肥肿。

蕹菜白锈病

蕹菜白锈病症状

蕹菜白锈病叶片正面黄绿色病斑

蕹菜白锈病叶片背面白色病斑

蕹菜白锈病叶片上的白色孢子

蕹菜白锈病叶片上的锈斑

发生特点

| 病害类型 | 真菌性病害 |

| 病 原 | 蕹菜白锈菌（*Albugo ipomoeae-aquaticae*）和旋花白锈菌（*Albugo ipomoeae-panduranae*），均为卵菌门白锈菌科白锈菌属真菌 |

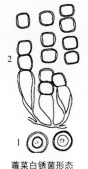 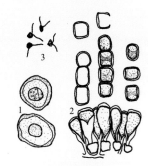

蕹菜白锈菌形态
1.卵孢子　2.孢子梗和孢子囊
（引自余永年，1998）

旋花白锈菌形态
1.卵孢子　2.孢囊梗和孢子囊　3.游动孢子
（引自余永年，1998）

| 越冬场所 | 病菌主要以卵孢子随病残体遗留在土壤和厩肥中或附着在种子上越冬，少数以菌丝体在寄主根茎内存活越冬 |

| 传播途径 | 病菌的卵孢子和游动孢子借助风、雨、灌溉水进行传播，被病菌污染的农具、昆虫以及人、畜等可近距离传播，随带菌种子和有病蔬菜的调运远距离传播 |

| 发病原因 | 连年大面积种植，品种单一，田间湿度大，高温、多雨，播种带菌种子，施氮肥过多，肥水不足，灌溉不当，过于密植，通风透光性差 |

| 病害循环 |

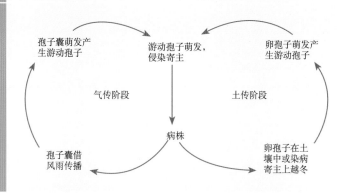

防治适期 成株期。

防治措施

（1）**选种抗（耐）病品种** 选种抗病品种，如泰国种、细叶种和柳叶种较为抗病。

（2）**选用无病种子或种子处理** ①远离病田或病区设立无病留种田，确保播种无病种子。②温汤浸种，播种前用60℃温水浸泡种子10分钟。③药剂浸种和拌种，先用磷酸二氢钾150～200倍液浸种6～8小时，再用干种子重量0.3%的72%霜脲氰·代森锰锌可湿性粉剂，或35%甲霜灵可湿性粉剂，或69%烯酰吗啉·代森锰锌可湿性粉剂进行拌种。

（3）**农业防治** ①清洁田园，摘除病组织，拔除病株，收集病残体，集中销毁。深翻晒土加速病残体腐烂。②实行轮作，蕹菜白锈菌仅侵染旋花科蔬菜，可与非旋花科作物进行轮作或水旱轮作以减轻病害。③高垄栽培，合理密植；施足基肥，增施有机肥和磷、钾肥，避免偏施氮肥，适时喷施叶面肥，合理灌溉，促使植株早生快发，提高抗病能力。

（4）**药剂防治** 可选用69%烯酰吗啉·代森锰锌可湿性粉剂800倍液，或72%霜脲氰·代森锰锌可湿性粉剂800～1 000倍液，或25%甲霜灵可湿性粉剂800倍液，或58%甲霜灵·代森锰锌可湿性粉剂500～700倍液，或43%戊唑醇悬浮剂3 000～5 000倍液，或25%三唑酮乳油1 500倍液，或72.2%霜霉威水剂800倍液等喷雾防治。每隔7～15天喷1次，连喷2～3次，交替喷施。

韭菜疫病

韭菜疫病

田间症状 为害根、茎、叶和花薹，以叶片、假茎和鳞茎受害最重。叶片和花薹被害，多从植株中下部开始发病，呈边缘不明显、暗绿色或浅褐色水渍状病斑，扩大后病部缢缩，叶片、花薹下垂腐烂；湿度大时，病部软腐，上生稀疏灰白色霉状物（孢囊梗和孢子囊）。假茎受害，呈水渍状、浅褐色软腐，叶鞘易脱落；湿度大时出现白色稀疏霉层。鳞茎被害，根盘处呈水渍状、浅褐色至暗褐色，可生灰白色霉层。根部受害，根毛明显减少，且难以再发新根，病根变褐腐烂。

韭菜疫病症状

发生特点

病害类型	真菌性病害
病　　原	烟草疫霉（*Phytophthora nicotianae*），为卵菌门疫霉属真菌 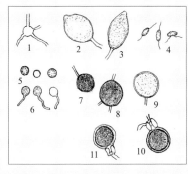 烟草疫霉形态特征 1.菌丝膨大体　2、3.孢子囊 4.游动孢子　5.休止孢子 6.休止孢子萌发　7～9.厚垣孢子 10、11.藏卵器、雄器和卵孢子
越冬场所	以菌丝体、卵孢子或厚垣孢子随病残体在土壤中越冬
传播途径	借风、雨、灌溉水等传播
发病原因	高温、高湿环境，夏季多雨，重茬地、老病地，土质黏重贫瘠以及易积水，偏施氮肥，定植过密、通风透光不良，收割过多

（续）

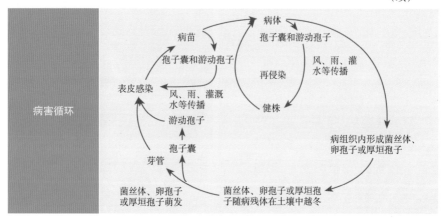

防治适期 发病前预防和发病初期防治相结合。

防治措施

（1）**选用抗病品种** 选用直立性强、生长健壮、有较强抗病性的优良品种，如平韭4号、平韭杂1号、优丰1号、豫韭菜1号、久星16、平丰6号等。

（2）**农业防治** ①与非葱蒜类、非茄果类蔬菜实行2年以上轮作。②清洁田园，及时清除田间病叶、残株及杂草，将其带出田外集中深埋或烧毁。③加强栽培管理，精细整地，做到地平、土细、墒足；施入腐熟农家肥做基肥，每亩5 000 ~ 8 000千克；合理密植，合理浇水，周围筑水沟以便排水；合理增施磷、钾肥，避免施用过量氮肥；加强中耕除草，通风降湿。

（3）**药剂防治** 发病初期，可选用25%甲霜灵可湿性粉剂600 ~ 1 000倍液，或58%甲霜·锰锌可湿性粉剂500倍液，或64%噁霜·锰锌可湿性粉剂5 000倍液，或50%甲霜·铜可湿性粉剂600倍液，或40%乙膦铝可湿性粉剂250倍液等喷雾防治。每7天喷1次，连续防治2 ~ 3次。

韭菜灰霉病 ••

田间症状 韭菜灰霉病主要侵染展开的叶片，发病叶片根据症状一般分为白点型、干尖型和湿腐型3种类型。

（1）**白点型** 即在叶片上生白色斑点。发病初期叶片正反面均出现浅

褐色或白色小点，进而形成椭圆或近
圆形灰白色病斑。多由叶尖向下发展，
散落成片，故又称为"白点病"。随着
病症的逐渐发展，病斑互相融合连片，
形成大的坏死斑，使叶片卷曲、枯死；
湿度大时，在枯叶上生出大量灰霉。

韭菜白点型灰霉病

（2）**干尖型**　即从叶尖开始发病，
逐渐向叶片下部蔓延，病部最后干
枯。韭菜收割时或收割后，病菌从切口侵入，造成叶片发病，先是出现 V
形水渍状病斑，以后病斑变成灰白色，病叶逐渐干枯。潮湿条件下，病部
会产生很多灰霉。

（3）**湿腐型**　韭菜收割后，病斑在扎成捆的储运韭菜上继续扩展，被
感染的叶片迅速腐烂成一团，即为湿腐状，湿腐型的病叶伴有明显的腥臭
味，甚至整捆腐烂（这种症状在植株抵抗力低下、环境条件十分适合灰霉
病菌发育的情况下才出现，特别是在韭菜储运期间最常见）。

韭菜干尖型灰霉病

韭菜湿腐型灰霉病

发生特点

病害类型	真菌性病害
病　　原	葱鳞葡萄孢（*Botrytis squamosa*），为子囊菌门核盘菌科葡萄孢属真菌 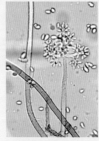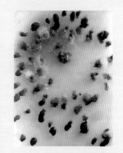 分生孢子梗和分生孢子　　　　PDA培养基上的菌核
越冬（越夏）场所	病菌以菌核或菌丝体在土壤中，或者以分生孢子形态在病残体上越冬或越夏
传播途径	经气流、雨水、灌溉水及农事操作进行传播
发病原因	该病主要发生在保护地内。植株密度过大，放风不及时，缺肥特别是缺磷、钾肥或氮肥施用过多，植株生长衰弱，遭受冻害、高温灼伤或收获刀伤
病害循环	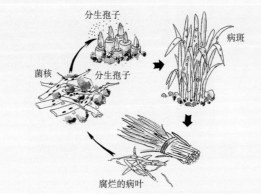

防治适期 成株期。

防治措施

韭菜灰霉病

　　（1）**选用抗病品种**　直立性强，夜色深、蜡粉较厚的品种一般较抗病，如久星16、平丰8号、寒青韭霸、天津黄苗、中韭2号、平韭1号、平丰6号、独根红、克霉1号、雪韭、韭宝、航研998、竹竿青等。

（2）**农业防治**　轮作倒茬，避免连作，可与非葱蒜类蔬菜实行 2 ~ 3 年以上轮作；播种前深翻土壤，施足基肥；雨天及时清沟排水；合理追肥，避免过量施用氮肥，适时浇水灌溉，保护地浇水后适当通风换气，降低湿度；及时清洁田园，清除病残体并带到田外集中烧毁。

（3）**生物防治**　每亩随水冲施 10 亿孢子/克木霉可湿性粉剂 0.5 ~ 1 千克，或每亩喷施 100 亿孢子/克枯草芽孢杆菌超细可湿性粉剂 100 ~ 200 克，保护地喷粉后密闭棚室，8 小时内禁止人员进入作业。

（4）**化学防治**　设施栽培进行棚室消毒，以减少定植棚室中残存的病菌，可用 10% 速克灵烟剂或 45% 百菌清烟剂，每亩 250 克，分放 6 ~ 8 个点，用暗火烟熏 3 ~ 4 小时。在病害发生早期进行防控，可选择 50% 多菌灵可湿性粉剂 500 倍液，或 50% 锰锌·氟吗啉可湿性粉剂 1 000 倍液，或 75% 百菌清可湿性粉剂 600 倍液，或 50% 腐霉利可湿性粉剂 600 ~ 700 倍液，或 50% 乙烯菌核利可湿性粉剂 1 000 ~ 1 500 倍液，或 50% 异菌脲可湿性粉剂 1 000 ~ 1 500 倍液，间隔 5 ~ 7 天喷施 1 次，连喷 2 ~ 3 次。

茼蒿霜霉病

田间症状　主要为害叶片。通常从植株下部叶片开始发病，并逐渐向上部叶片发展。叶片发病多从顶端开始，初始产生褪绿至淡黄色的小斑，扩大后病斑不规则，边缘不明显，病叶背面病部同时产生一层白色霜霉层，即病菌孢子囊和孢囊梗。干旱时病叶枯黄，发病严重时，多个病斑连接成片，色泽呈枯黄色至褐色，使整株叶片变黄枯死。

茼蒿霜霉病症状　　　　　　　　　茼蒿霜霉病叶片上的淡黄色小斑

发生特点

病害类型	真菌性病害
病原	多型类霜霉（*Paraperonospora chrysanthemi-coronarii*），为卵菌门类霜霉属真菌
越冬（越夏）场所	以菌丝体随病株残余组织遗留在田间或在种子上越冬或越夏，也能以卵孢子在病残叶内越冬或越夏
传播途径	借助气流、雨水飞溅、昆虫或农具及农事操作等传播
发病原因	春末或秋季若遇昼夜温差大、结露时间长或雾多、阴雨等气候条件，则病害发生严重。种植过密、群体过大、氮肥施用过多、茼蒿生长过旺、通风透光不良、灌水过多或排水不良、田间湿度过大，病害发生均重
病害循环	卵孢子及菌丝体随病残体、种子越夏　　　孢子囊　　风雨　　　春天病残体上的病原菌发生初侵染，成熟后产生孢子囊，引起再侵染　　风雨　　　秋天病残体上的病原菌发生初侵染，成熟后产生孢子囊，引起再侵染　　孢子囊　　卵孢子及菌丝体随病残体、种子越冬

防治适期 发病初期。

防治方法 采取"预防为主、综合治理"的防治措施。

（1）**选用抗（耐）病品种** 茼蒿有大叶茼蒿和小叶茼蒿两种类型，一般小叶茼蒿的耐寒性和抗病性强于大叶茼蒿。另外，一些优良茼蒿品种如茼021、茼022等，如果防病措施得当，很适合保护地种植。

（2）**土壤和种子处理** 播前用50%烯酰吗啉可湿性粉剂2 000倍液淋湿土壤，或用2%石灰粉拌无菌泥粉撒施于土壤。种子处理可用种子重量0.2%的40%拌种双粉剂拌种，或用种子重量0.1%的35%甲霜灵种子处理干粉剂拌种。

（3）**农业防治** ①适时播种，培育壮苗，根据气候适时早播。播前彻底清除前茬田间病残体和杂草，深翻土壤，精细整地，忌连作，重病田应与其他蔬菜实行2～3年轮作。培育无病壮苗，及时淘汰病苗、弱苗。

②加强栽培管理，低洼地采用高畦栽培，合理密植，增施腐熟农家肥，不偏施氮肥；合理灌水，降低田间湿度，雨天及时清沟排水，露晒畦面；发病后及时清除病叶、病株，并带出田外烧毁。设施栽培采用滴灌、渗灌、膜下暗灌、膜下侧灌等；适时放风降湿，高温闷棚；早施肥，及时中耕培土。

（4）**药剂防治**　发病初期用75%百菌清可湿性粉剂600倍液，或50%烯酰吗啉可湿性粉剂1 500倍液，或72.2%代森锰锌可湿性粉剂1 000倍液，或58%甲霜·锰锌可湿性粉剂800倍液，或72%霜脲·锰锌可湿性粉剂1 500倍液等喷雾防治。每隔7～10天喷1次，连喷2～3次。还可每亩用1.5亿活孢子/克木霉素可湿性粉剂300克兑水50～60千克，均匀喷雾，每隔5～7天喷1次，连喷3次。

> **温 馨 提 示**
>
> 喷药液时须均匀周到，特别注意叶背和雨前喷药，药剂要交替使用。

苋菜白锈病 ··················

田间症状　苋菜白锈病主要为害叶片，叶柄和嫩茎也能受害。叶面初现不规则褪色斑块，叶背生圆形至不规则白色疱状孢子堆。严重时疱斑密布或连合，叶片凹凸不平，终至枯黄。

苋菜白锈病

苋菜白锈病叶片背面的白色疱状孢子堆

苋菜白锈病叶片正面症状

苋菜白锈病

病害类型	真菌性病害
病　　原	苋白锈菌（*Albugo bliti*），为卵菌门白锈菌科白锈菌属真菌
越冬场所	病菌以卵孢子随病残体留在土壤中越冬
传播途径	孢子囊借气流或风雨冲溅传播
发病原因	土壤黏重板结，菜田荫蔽，湿度大，种植密度过大，施用氮肥过量，排水不畅
病害循环	

病害循环图：

游动孢子萌发侵入寄主 → 病株 → 病部产生孢子囊，借气流传播释放游动孢子 → 卵孢子随病残体留在土壤中越冬 → 卵孢子萌发，释放游动孢子 → 游动孢子随雨水、灌溉水溅射到寄主表面 → 游动孢子萌发侵入寄主（再侵染）

防治适期 发病初期。

防治措施

（1）**选用抗病品种** 紫苋品种的发病程度低于青苋品种。青苋品种中上海圆叶青苋抗性最强。

（2）**药剂拌种** 播种前用种子重量0.2%～0.3%的25%甲霜灵可湿性粉剂或64%噁霜·锰锌可湿性粉剂拌种。

（3）**加强田间管理** 适当稀植，做好田园清洁工作，合理施肥。

（4）**药剂防治** 同十字花科叶菜白锈病。

落葵（木耳菜）紫斑病

落葵紫斑病也称落葵蛇眼病。

田间症状 主要为害叶片，病斑初期为紫红色水渍状小点，后扩大为中央灰白色至褐色、边缘紫褐色近圆形病斑，稍下陷，质薄，有的易成穿孔，病健部分界清晰，在病斑上长有不太明显的小黑点，发生严重时病斑密布叶片。

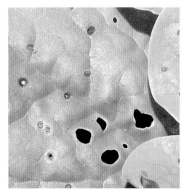

落葵紫斑病引起的叶片穿孔

落葵紫斑病叶片上的病斑

发生特点

病害类型	真菌性病害
病 原	柱隔孢属真菌（*Ramularia* sp.），属子囊菌门球腔菌科
越冬场所	病原菌随病残体遗落土表越冬
传播途径	病原菌借风雨、气流或水滴溅射传播
发病原因	湿度过大，病地、低洼地栽培，雨后积水，排水不良，种植过密，通风不良
病害循环	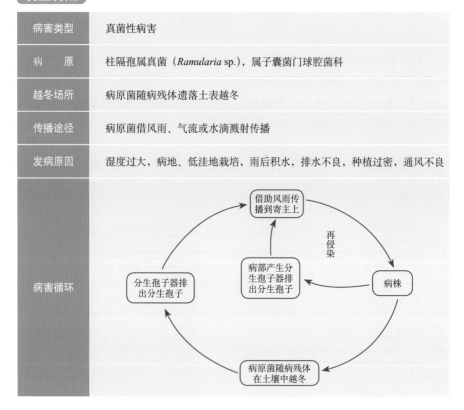

防治适期 发病初期。

防治措施

（1）**农业防治** 发病严重的地块与瓜类、茄果类、豆类、十字花科蔬菜实行2年以上的轮作；种植密度不宜过大，雨后及时清沟排水，保护地浇水后及时通风排湿；施用充分腐熟的有机肥；及时摘除病叶带出园外深埋，收获后清洁田园。

（2）**药剂防治** 发病初期可用70%甲基硫菌灵可湿性粉剂800～1000倍液，或45%噻菌灵可湿性粉剂800～1000倍液，或50%腐霉利可湿性粉剂1500倍液喷雾防治。每隔7～10天喷1次，连喷2～3次。此外，还可用2%武夷菌素（BO-10）或2%抗霉菌素水剂200倍液喷雾防治。

落葵（木耳菜）灰霉病 ··························

田间症状 主要为害叶片和叶柄。一般生长中期叶片和叶柄开始发病，叶片发病初期病斑呈水渍状，在适宜温湿度条件下，迅速蔓延引起叶萎蔫腐烂；茎部感染后出现水渍状浅绿斑，病茎易折倒或腐烂，病部可见灰色霉层。

落葵灰霉病叶片症状

发生特点

病害类型	真菌性病害
病 原	灰葡萄孢（*Botrytis cinerea*），为子囊菌门核盘菌科葡萄孢属真菌
越冬场所	以分生孢子的形态在病残体上，或以菌核的形态在地表及土壤中越冬
传播途径	病原菌以分生孢子形态借风雨、气流或水滴溅射传播
发病原因	低温高湿，通风不良
病害循环	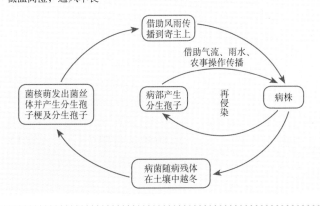

防治适期 发病初期。

防治措施

落葵灰霉病

（1）**农业防治** 种植密度不宜过大；合理浇水，设施栽培注意及时通风降湿；施用充分腐熟的有机肥；及时摘除病叶和病茎带出园外深埋或烧毁，收获后清洁田园。

（2）**药剂防治** 发病初期及时防治，常用药剂有50%腐霉利可湿性粉剂1 500～2 000倍液，或50%乙烯菌核利可湿性粉剂1 000倍液，或40%多·硫悬浮剂500倍液，或36%甲基硫菌灵悬浮剂500倍液，全株喷施，每10天喷1次，连喷2～3次。设施栽培进行棚室消毒，以减少定植棚室中残存的病菌，可用10%速克灵烟剂或45%百菌清烟剂，每亩250克，分放6～8个点，用暗火烟熏3～4小时；也可用5%百菌清粉尘剂，6.5%甲霉灵超细粉尘剂，每亩1千克进行喷粉防治。

茴香白粉病

田间症状 保护地发生比较普遍。植株地上部均可被害，开始在被害部产生白色粉状小斑点，后来逐渐扩大，病斑融合，在茎、叶表面形成一层厚厚的白粉，严重时叶片褪色、枯萎。

茴香白粉病症状

发生特点

病害类型	真菌性病害
病　原	独活白粉菌（*Erysiphe heraclei*），为子囊菌门白粉菌目白粉菌科白粉菌属真菌
越冬场所	病菌以菌丝体和分生孢子随病株残余组织遗留在土壤中越冬
传播途径	病原菌以分生孢子形态借风雨、气流或水滴溅射传播
发病原因	田间植株荫蔽，通风透光差，茴香生长势不佳，昼夜温差大，结露时间长，排水不良，氮肥施用过多
病害循环	

防治适期 发病初期。

防治措施

（1）**农业防治** 合理密植，保护地通风降湿，重施有机肥，保证氮、磷、钾肥均衡配施，增强植株长势；收获后及时清除病残体，带出田外深埋或烧毁。

（2）**药剂防治** 在发病初期防治，可选15%三唑酮可湿性粉剂1 500 ～ 2 000倍液，或10%苯醚甲环唑水分散粒剂1 000 ～ 1 200倍液，或430克/升戊唑醇悬浮剂3 000 ～ 4 000倍液，或75%肟菌·戊唑醇水分散粒剂3 000倍液，或62.25%腈菌唑·锰锌可湿性粉剂600 ～ 800倍液等喷雾防治。每隔7 ～ 10天喷1次，连续喷2 ～ 3次。保护地栽培还可用5%百菌清粉尘剂或5%春雷·王铜粉尘剂在发病初期喷粉防治，每亩喷1千克。

芫荽菌核病 ·······························

田间症状 芫荽菌核病主要为害茎
基部或茎分杈处，其次是叶片。发
病初期，病部出现水渍状褐色病斑，
之后病斑变成淡褐色，迅速扩大，
绕茎一圈，湿度大时，病部生有白
色棉絮状菌丝，呈软腐状，后期在
白色霉层下面的菌丝结成黑色菌核，
严重时，植株枯死。

芫荽菌核病

发生特点

病害类型	真菌性病害
病　　原	核盘菌（*Sclerotinia sclerotiorum*），为子囊菌门锤舌菌纲柔膜菌目核盘菌科核盘菌属真菌
越冬场所	病菌以菌核在土壤中或混在种子中越冬
传播途径	子囊孢子随气流传播
发病原因	田间植株荫蔽，通风透光差，芫荽生长势不佳
病害循环	

随风传播到寄主上

菌核萌发产出子囊
盘，散出子囊孢子

病部长出菌丝

再侵染

病株

病菌在土壤中或
混在种子中越冬

防治适期 发病初期。

防治措施

（1）**种子处理** 温汤浸种或用药剂拌种，如可选用2.5%咯菌腈悬浮种衣剂拌种，施药量为种子重量的0.2%。

（2）**农业防治** 轮作倒茬，与非伞形科作物进行2～3年轮作；种植密度合理，保护地加强通风，合理灌溉施肥，以腐熟的有机肥做基肥；采收后应及时清除病残体和杂草，并及时带出田外深埋。

（3）**物理防治** 选用40目的银灰色防虫网，直接罩在大棚骨架上，或搭水平棚架覆盖。

（3）**药剂防治** 同莴苣、芹菜菌核病。

青蒜叶枯病

田间症状 主要为害叶片，初期叶片出现花白色小圆点，或者叶尖呈现干枯症状；随着病害发展，叶尖到叶柄的中间部位全部干枯；叶片长出黑色霉状物，严重时可导致整株大蒜死亡。

青蒜叶枯病症状

发生特点

病害类型	真菌性病害
病　　原	囊状匍柄霉（*Stemphylium vesicarium*），为子囊菌门腔菌纲格孢腔目格孢菌科匍柄霉属真菌
越冬场所	病菌主要以菌丝体或子囊壳随病残体遗落土中越冬
传播途径	可通过种子传播，条件适宜时通过雨水飞溅、农具或农事操作传播，从气孔或表皮直接侵入
发病原因	品种抗病性弱，根系生长弱，低温高湿，排水不良
病害循环	翌年条件适宜时产生子囊孢子 → 从寄主叶片表皮直接侵入引起发病 → 病斑产生大量分生孢子，经气流、雨水传播（再侵染）→ 病菌随病残体在土壤中越冬（初侵染源）

防治适期 成株期。

防治措施

（1）**选用抗病品种**　选用抗叶斑病的品种。

（2）**农业防治**　轮作倒茬，避免连作；播种前深翻土壤，合理密植；施足基肥，避免过量施用氮肥；适时浇水，雨天及时开沟排水；及时清除病株和病残体，集中销毁。

（3）**药剂防治**　在病害发生早期进行防控。可选择10%苯醚甲环唑水分散粒剂30～60克/亩，或60%唑醚·代森联水分散粒剂60～100克/亩防治。间隔5～7天喷施1次，连喷2～3次。

青蒜锈病

田间症状　该病主要为害叶片，发病初期叶片出现褐色的小斑点，随后病斑逐渐扩大，发展形成淡黄色纺锤形病斑，病斑处隆起形成淡黄色的疱斑，散有锈状黄色粉状物。

青蒜锈病症状

发生特点

病害类型	真菌性病害
病　原	葱柄锈菌（*Puccinia allii*），为担子菌门锈菌目柄锈菌科柄锈菌属真菌
越冬场所	病菌以冬孢子或夏孢子形态在病残体和活体植株中越冬
传播途径	通过雨水、气流传播

（续）

发病原因	品种抗病性弱，栽培密度大，排水不良，高温阴雨连绵

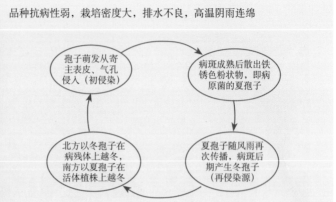

病害循环	

孢子萌发从寄主表皮、气孔侵入（初侵染）

病斑成熟后散出铁锈色粉状物，即病原菌的夏孢子

北方以冬孢子在病残体上越冬，南方以夏孢子在活体植株上越冬

夏孢子随风雨再次传播，病斑后期产生冬孢子（再侵染源）

防治适期 成株期。

防治措施

（1）**选用抗病品种** 选用抗锈病的大蒜品种。

（2）**农业防治** 以腐熟有机肥做基肥，施足基肥，避免过量施用氮肥；及时清除病株和病残体，带出田外集中销毁。

（3）**药剂防治** 在病害发生早期进行防控。可选择15%三唑酮可湿性粉剂1 000倍液，或25%腈菌唑乳油2 000倍液，或10%苯醚甲环唑水分散粒剂1 500倍液，间隔5～7天喷施1次，连喷2～3次。

青蒜紫斑病

田间症状 该病主要为害叶片和花梗，发病初期叶片病斑出现褪绿色的小斑点，随后病斑逐渐扩大，发展形成紫色长圆形病斑，病斑周围有黄色晕圈，茎部受害后萎缩腐烂。

青蒜紫斑病症状

发生特点

病害类型	真菌性病害
病　原	互隔交链孢（*Alternaria alternata*），为子囊菌门格孢菌科链格孢属真菌
越冬场所	病菌以菌丝体或分生孢子形态在种子、病残体和土壤中越冬
传播途径	通过雨水、气流进行传播
发病原因	品种抗病性弱，栽培密度大，排水不良，高温阴雨连绵
病害循环	

翌年条件适宜，分生孢子萌发产生芽管 → 从寄主气孔、伤口或表皮直接侵入 → 病斑处产生大量分生孢子，经气流雨水传播（再侵染）→ 病菌在种子、病残体和土壤中越冬（初侵染源）

防治适期　成株期。

防治措施

（1）**选用抗病品种**　选用抗紫斑病的品种。

（2）**农业防治**　实行2年以上轮作，避免连作；播种前深翻土壤，合理密植；施足基肥，避免过量施用氮肥；适时浇水，雨天及时开沟排水；及时清除病株和病残体，集中销毁。

（3）**药剂防治**　在病害发生早期进行防控。可使用75%百菌清可湿性粉剂500倍液，或65%代森锌可湿性粉剂500倍液，或45%咪鲜胺水乳剂1 500倍液，每亩药液量45～60千克，每7～10天喷1次，连续2～3次。

青蒜病毒病

田间症状　主要症状为条纹花叶。发病初期，叶脉产生褪绿条点，以后连接成褪绿黄条纹。严重发生时植株矮化、畸形，畸形株扭曲，心叶往往被包住、伸展不出来。

不同病毒单独感染青蒜的症状各具特点		
感染韭葱黄条病毒后，基本症状是叶片上出现黄条纹，如受强毒系侵染，叶片上的黄条纹常常连片	感染洋葱黄矮病毒后或植株矮化、黄条斑布满叶面，或大部分叶片绿色只伴有鲜黄色条斑，或仅表现轻度褪绿，无条斑	大蒜普通潜隐病毒单独侵染，青蒜多不表现症状
洋葱黄矮病毒和韭葱黄条病毒复合侵染引起的症状轻于二者的单独侵染，这可能是交互保护作用所致		与马铃薯Y病毒复合侵染，则表现严重的黄化和花叶症状

青蒜病毒病症状

发生特点

病害类型	病毒性病害
病　原	主要是韭葱黄条病毒（*Leek yellow stripe virus*，LYSV），属马铃薯Y病毒科马铃薯Y病毒属；洋葱黄矮病毒（*Onion yellow dwarf virus*，OYDV），属马铃薯Y病毒科马铃薯Y病毒属；大蒜普通潜隐病毒（*Garlic common latent virus*，GarCLV），属乙型线形病毒科香石竹潜隐病毒属

越冬场所	病毒可在带毒种蒜、病叶和茎组织、田间杂草中越冬，春夏之交时病害最易发生
传播途径	种蒜（鳞茎）传播，带毒种蒜调运远距离传播，经病株汁液或介体害虫传播，多种蚜虫或螨类进行传毒，农事操作传毒
发病原因	长时间的高温干旱，浇水施肥和喷药治虫等管理措施未及时到位，间作套种不合理，农事操作造成的机械损伤
病害循环	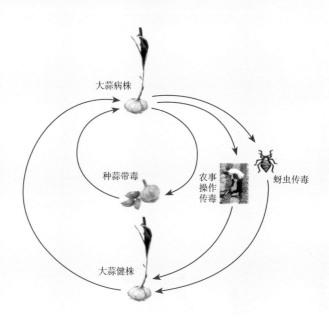

防治适期 幼苗期和成株期。

防治措施 同十字花科叶菜病毒病。

PART 2

虫害

菜青虫 ··

分类地位 菜粉蝶（*Pieris rapae*）的幼虫称菜青虫或青虫，属鳞翅目粉蝶科粉蝶属。

为害特点 幼虫啃食植株叶片，并沿叶片蠕动，蚕食叶片呈孔洞或缺刻状，只残留粗叶脉和叶柄，严重时叶片全部被吃光，排出的粪便还污染菜心，导致蔬菜腐烂。一年中以春秋两季为害最重。

形态特征 成虫为菜粉蝶，体长15～19毫米，翅展35～55毫米。翅膀白色，前翅前缘顶角有1个大三角形黑斑，刺吸式口器，胸背部底色为深黑色，布满灰白色长绒毛。幼虫（菜青虫）体色为青绿色，圆筒形，背部隐约有断续黄色的纵线。

菜青虫为害甘蓝（左）和白菜（右）

菜青虫的成虫菜粉蝶

发生特点

发生代数	菜粉蝶在我国1年发生的世代数因地而异，由北向南逐渐增加，黑龙江3～4代，内蒙古和辽宁南部、华北北部4～5代，长江流域7～9代，广州12代（室内完成14代）
越冬方式	以蛹的形式在温室、田间枯草中越冬
发生规律	越冬代羽化时间为3月中下旬至5月初；春季随着气温上升，虫口数量逐渐增多；春夏之交可达虫口高峰，为害最重；夏季炎热其种群数量明显下降；进入秋季虫口数量回升，逐渐形成第二次为害高峰
生活习性	成虫日出性，多在早晨露水干了以后开始活动，白天飞翔，取食花蜜补充营养，夜间，刮风下雨停息于树枝下、作物和草丛中，并有趋集于白花、蓝花和黄花间吸食与休息的习性 幼虫每天10:00～12:00和16:00～18:00取食最盛，夜间也能取食。一、二龄幼虫受到惊扰有吐丝下垂的习性，高龄幼虫则蜷缩落地。老熟幼虫多在菜株上化蛹，也能爬行很远的距离寻觅化蛹场所

防治适期　卵孵化盛期至幼虫二龄高峰期。

防治措施

（1）**农业防治**　收获后清洁田园，深耕细耙，减少虫源；合理安排蔬菜种植时间，避开菜青虫为害高峰期。

（2）**物理防治**　大棚内采用银灰色防虫网覆盖通风口；悬挂黄色粘虫板诱杀。

（3）**生物防治**　保护利用田间自然天敌；或采用Bt（苏云金杆菌）、金龟子绿僵菌、颗粒体病毒等生物制剂防治幼虫。

（4）**化学防治**　可选用2.5%高效氯氟氰菊酯水乳剂15～20毫升/亩，或150克/升茚虫威悬浮剂5～10毫升/亩，或5%甲氨基阿维菌素苯甲酸盐水分散粒剂2～3克/亩，或10%溴氰虫酰胺可分散油悬浮剂10～14毫升/亩等药剂，兑水喷雾。

斜纹夜蛾 ···

斜纹夜蛾

分类地位　斜纹夜蛾（*Spodoptera litura*）属鳞翅目夜蛾科斜纹夜蛾属。又名斜纹夜盗蛾。

为害特点　主要以幼虫为害，幼虫食性杂，且食量大，初孵幼虫在叶背为害，取食叶肉，仅留下表皮；三龄幼虫后造成叶片缺刻、残缺不堪，甚至将叶片全部吃光，蚕食花蕾造成缺损，容易暴发成灾。

形态特征　成虫体长14～20毫米，翅展35～40毫米，其头、胸、腹部和足均呈灰褐色，胸部背面布有白色丛毛，前翅翅面呈复杂的褐色斑纹，后翅白色，自内横线前端到外横线有3条明显的白色斜纹。幼虫体色变化很大，主要以土黄色、淡绿色、黑褐色为主，亚背线内侧有近似三角形的半月黑斑1对。

斜纹夜蛾成虫（左：雄蛾　右：雌蛾）

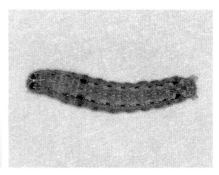

斜纹夜蛾幼虫

斜纹夜蛾为害大白菜

发生特点

发生代数	斜纹夜蛾1年发生多代，世代重叠。华北地区1年发生4～5代，在长江流域和黄河流域菜区一般1年发生5～6代，每年以7～10月发生数量最多。福建1年发生6～9代，在广东、广西、海南、福建、台湾等地，斜纹夜蛾可终年繁殖，无越冬（滞育）现象，冬季可见到各虫态
越冬方式	在长江流域以北的地区不能越冬，其春季虫源可能是从南方迁飞而来。上海地区发现保护地芦笋栽培中能以低龄幼虫在植株根系附近的土中休眠越冬
发生规律	在江苏南京各代发生期为：第一代5月上旬至6月下旬，第二代6月上旬至7月中旬，第三代7月中旬至8月下旬，第四代8月中旬至9月中下旬，第五代9月中旬至10月中旬。一般年份第一代、第二代发生较轻，第三代以后逐步加重，第四代、五代发生最严重
生活习性	成虫昼伏夜出，飞翔能力很强，有较强的趋光性，对糖、醋、酒及发酵的胡萝卜、豆饼等都有趋性，夏秋季危害重

防治适期　防治适期应掌握在卵孵化高峰期至三龄幼虫分散前。

防治措施

（1）**农业防治**　栽培前彻底清除田间杂草，深翻耕地并晾晒。

（2）**物理防治**　可采用杀虫灯、性诱剂、糖醋液等诱杀成虫。

（3）**生物防治**　保护利用田间自然天敌；或采用Bt（苏云金杆菌）、

球孢白僵菌、短稳杆菌、甘蓝夜蛾核型多角体病毒等生物制剂防治幼虫。

（4）**化学防治** 可采用34%乙多·甲氧虫悬浮剂20 ～ 24毫升/亩，或10%甲维·茚虫威悬浮剂8 ～ 12毫升/亩，或240克/升虫螨腈悬浮剂40 ～ 50毫升/亩，或5%甲氨基阿维菌素苯甲酸盐水分散粒剂4 ～ 5克/亩等药剂，兑水喷雾。

小菜蛾

小菜蛾

分类地位 小菜蛾（*Plutella xylostella*）属鳞翅目菜蛾科菜蛾属。幼虫俗称小青虫、两头尖、吊丝虫。

为害特点 幼虫取食叶肉，仅存表皮，在菜叶上形成一个透明斑，称为"开天窗"，高龄幼虫食叶成孔洞和缺刻，严重时全叶被吃成网状。在苗期常集中心叶为害，影响蔬菜包心。

形态特征 成虫为灰黑色小蛾，体长6 ～ 7毫米，翅展12 ～ 16毫米，前翅中央有黄白色三度曲折的波纹，静息时两翅折叠呈屋脊状。低龄幼虫体色为浅黄色，长大后体色变为深绿色，体节明显，体形为纺锤形。

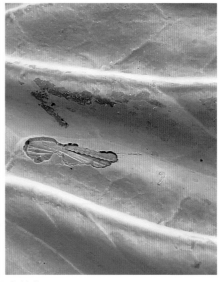

小菜蛾为害甘蓝

小菜蛾为害雪里蕻

小菜蛾结茧　　　　　　　　　　　小菜蛾成虫

小菜蛾为害普通白菜

发生特点

发生代数	小菜蛾1年发生的世代数因地而异，从南向北递减。东北地区最少，1年发生2～3代，华北地区4～6代，湖南9～12代，浙江9～14代，云南10～12代，台湾15～19代，华南地区广东和海南可超过20代，由于雌虫产卵期接近或长于下代未成熟阶段的发育历期，所以世代重叠严重
越冬方式	北方以蛹在残株、落叶上或杂草丛中越冬；我国长江流域及其以南地区终年可见各虫态，无越冬现象
发生规律	小菜蛾在各地的发生规律有明显差异。其始发期从南至北逐渐向后推移，海南地区出现虫口高峰最早（2～3月），东北地区最迟（6～7月）。每年不同区域有1～2个发生高峰，南方一般在9～10月发生数量最多，北方以春季为主，4～6月为害严重
生活习性	小菜蛾成虫昼伏夜出，白天隐藏于植株隐蔽处或杂草丛中，日落后开始取食、交尾、产卵等活动，又以午夜前后活动最盛

防治适期 卵孵化高峰期至一二龄幼虫高峰期。

防治措施

（1）**农业防治** 合理安排蔬菜作物布局，避免十字花科蔬菜周年连作；栽培前彻底清除田间杂草，清洁田园，深耕培土。

（2）**物理防治**　可采用杀虫灯和性诱剂诱杀成虫。

（3）**生物防治**　保护利用田间自然天敌；或采用Bt（苏云金杆菌）、印楝素、球孢白僵菌、甘蓝夜蛾核型多角体病毒、小菜蛾颗粒体病毒等生物制剂防治幼虫。

（4）**化学防治**　可采用15%茚虫威悬浮剂15～20克/亩，或5%甲氨基阿维菌素苯甲酸盐微乳剂3～6毫升/亩，或10%虫螨腈悬浮剂50～70毫升/亩，或60克/升乙基多杀菌素悬浮剂20～40毫升/亩，或5%甲维·虱螨脲悬浮剂16～30毫升/亩等药剂，兑水喷雾。

甜菜夜蛾 ··

甜菜夜蛾

分类地位　甜菜夜蛾（*Spodoptera exigua*）属鳞翅目夜蛾科灰翅夜蛾属。别名贪夜蛾、玉米叶夜蛾、白菜褐夜蛾。

为害特点　初孵幼虫群集叶背啃食，二龄后在叶内吐丝结网，取食成透明小孔，四龄后食量大增，为害叶片、嫩茎呈孔洞或缺刻状，严重时吃成网状，造成无头菜，苗期受害可形成缺苗断垄。

形态特征　成虫体长10～14毫米，翅展25～30毫米，灰褐色。前翅肾形纹与环纹均黄褐色。幼虫一般为绿色或暗绿色，每个腹节的气门后上方各具有一个明显的白点。

甜菜夜蛾幼虫为害甘蓝

甜菜夜蛾成虫

发生特点

发生代数	随纬度的升高而世代数递减，从南到北年发生世代数最多11代，最少3代
越冬方式	以幼虫和蛹在土壤中越冬
发生规律	发生始盛期最早为4月上旬，最迟为6月下旬，盛发期大多在7～10月
生活习性	具有迁飞习性，成虫昼伏夜出，趋光性强，且成虫需吸食一定的花蜜与露水作为补充营养。幼虫多在夜间取食，白天常潜伏在土缝、土表层及植物基部或包心中；高龄幼虫有假死性，受惊扰即落地；老龄幼虫入土吐丝筑土室化蛹

防治适期 幼虫孵化盛期至三龄以前。

防治措施

（1）**农业防治** 晚秋初冬耕地灭蛹；栽培前彻底清除田间杂草，清洁田园，培育无虫苗。

（2）**物理防治** 可采用杀虫灯或性诱剂诱杀成虫。

（3）**生物防治** 保护利用田间自然天敌；也可用 Bt（苏云金杆菌）或核型多角体病毒等生物制剂防治幼虫。

（4）**化学防治** 可采用12%甲维·虫螨腈悬浮剂6～10毫升/亩，或10%甲维·茚虫威悬浮剂20～30毫升/亩，或10%虱螨脲悬浮剂15～20毫升/亩，或60克/升乙基多杀菌素悬浮剂20～40毫升/亩，或5%氯虫苯甲酰胺悬浮剂30～55毫升/亩等喷雾。

易混淆害虫

特征	种类			
	菜青虫（菜粉蝶）	小菜蛾	斜纹夜蛾	甜菜夜蛾
翅膀	以白色为主，有黑色斑点	灰黑色，前翅中央有黄白色三度曲折的波纹，静息时两翅折叠呈屋脊状	后翅为白色，没有斑纹。自内横线前端向外横线有3条明显的白色斜纹	灰褐色，前翅有明显粉黄色的环形纹和肾形纹，有黑边。成虫的翅面上有几条黑色的波浪线，前翅外缘有1列黑色的三角形小斑
幼虫	体色青绿色，体毛明显，身上有1条模糊的长线黄斑，身上的毛瘤多且粗，肉眼可见	幼虫一至二龄颜色主要为浅黄色，三至四龄幼虫体型变大，颜色为淡绿色	幼虫通常有土黄色、青黄色、灰褐色或暗绿色等几种颜色，在亚背线内侧有三角形黑斑1对	体绿色、暗绿色、黄褐色、褐色至黑褐色。腹部气门下线为明显的黄白色纵带，每个腹节的气门后上方各具有一个明显的白点
成虫大小	体长15～19毫米，翅展35～55毫米	体长6～7毫米，翅展12～16毫米	体长14～20毫米，翅展35～40毫米	体长10～14毫米，翅展25～30毫米
蛹	纺锤形，两头尖细，中间膨大有棱角突起，初蛹多为绿色，以后有灰黄、青绿、灰褐、淡褐、灰绿等色	外被灰白色透明薄茧包裹，透过茧可见蛹体。蛹体表面光滑，椭圆形，初期的蛹淡黄绿色，羽化时变成褐色	圆筒形，红褐色	黄褐色

甘蓝夜蛾 ······

分类地位 甘蓝夜蛾（*Mamestra brassicae*）属鳞翅目夜蛾科甘蓝夜蛾属。别名甘蓝夜盗虫、菜夜蛾等。

为害特点 幼虫初孵化时喜集中在植物叶片背面取食，吃掉叶肉，残留表皮，稍大后渐分散，可将叶片咬成小孔洞，四龄后食量大增，将叶片咬成大洞，五、六龄进入暴食期，可食光叶肉仅残留叶脉。还可蛀入甘蓝、大白菜叶球为害，排出粪便污染叶球导致腐烂，并能诱发软腐病和黑腐病，严重影响蔬菜产量和商品价值。

甘蓝夜蛾

甘蓝夜蛾为害状

三龄幼虫（绿色型）

五龄幼虫（褐色型）

蛹

成虫

形态特征　成虫体长10～25毫米，翅展30～50毫米。体、翅灰褐色，复眼黑紫色；前翅中央位于前缘附近内侧有一环状纹，灰黑色，肾状纹灰白色，后翅灰色，基半部色淡。

初孵幼虫体色稍黑，全体有粗毛，体长约2毫米，老熟幼虫体长约40毫米，头部黄褐色，胸、腹部背面黑褐色，散布灰黄色细点，腹面淡灰褐色，前胸背板黄褐色，近似梯形。

发生特点

发生代数	甘蓝夜蛾每年发生代数各地不一，东北地区1年发生2代，华北地区2～3代，陕西泾阳4代，新疆1～3代（一般2代），重庆2～3代
越冬方式	以蛹在寄主根部附近7～10厘米深土中滞育越冬，也可在田边杂草、土埂下越冬
发生规律	越冬蛹一般于翌年春季气温15～16℃时羽化出土。3～5月出现越冬代成虫。东北地区和宁夏6～7月的第一代幼虫和8～9月的第二代幼虫为为害盛期；重庆等地5月的第一代幼虫和9～10月的第三代幼虫为为害盛期
生活习性	成虫昼伏夜出，有趋光性和趋化性，其中对黑光灯及糖醋液趋性较强，具有较强的飞翔力并进行频繁的飞翔活动

防治适期　一至三龄幼虫盛发期。

防治措施

（1）**农业防治**　在秋冬季节蔬菜收获后，及时深耕翻土，及时清除田间残枝败叶，铲除地边、沟边杂草；人工摘除卵块和初龄幼虫。

（2）**物理防治**　应用频振式杀虫灯、黑光灯、高压汞灯等诱杀，还可以配合使用糖醋盆利用趋化性诱杀成虫、监测虫情。

（3）**生物防治**　释放螟黄赤眼蜂、松毛虫赤眼蜂、玉米螟赤眼蜂和广赤眼蜂防治甘蓝夜蛾卵，用20亿PIB/毫升甘蓝夜蛾核型多角体病毒悬浮剂90～120毫升/亩防治幼虫。

（4）**化学防治**　可用150克/升茚虫威悬浮剂15～20毫升/亩，或60克/升乙基多杀菌素悬浮剂20～40毫升/亩，或10%虫螨腈悬浮剂50～70毫升/亩，或5%甲氨基阿维菌素苯甲酸盐微乳剂4～5克/亩，或5%氯虫苯甲酰胺悬浮剂30～55毫升/亩，或5%氟啶脲乳油60～80毫升/亩等药剂，兑水喷雾。施药时间为早晨或傍晚幼虫比较活跃时。

小猿叶虫 ··

分类地位 小猿叶虫（*Phaedon brassicae*）属鞘翅目叶甲科猿叶甲属。

为害特点 以植物叶片为食，可群集为害，取食叶片致叶片缺刻，严重时仅留叶脉。春、秋季危害最重。

形态特征 成虫体长约3.5毫米，椭圆形，背面蓝黑色带光泽，腹面黑色，腹部末节端缘棕色，壳体坚硬。幼虫虫体灰黑色，体呈弯曲状，上长黑色肉瘤。

小猿叶虫为害普通白菜

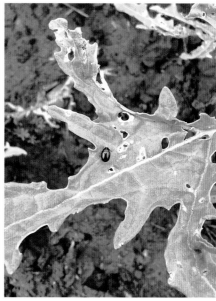

小猿叶虫为害雪里蕻　　　　　　小猿叶虫成虫

小猿叶虫为害大白菜

发生特点

发生代数	我国1年发生2～6代
越冬方式	以成虫在小石块、小土块和枯叶下面，或土缝或菜根基部的土壤表面越冬，部分地区能以少量卵、幼虫和蛹越冬
发生规律	在长江流域，越冬成虫于2月下旬至3月上旬开始活动，3月中旬产卵，4月成虫和幼虫混合发生和为害，5月中旬气温升高，成虫蛰伏越夏。8月下旬成虫又外出活动，9月上旬产卵，9～11月盛发，各虫态均有，12月中下旬成虫越冬。在浙江宁波发生不完整6代，第一代发生于2月中下旬至5月中下旬，第二代发生于5月上旬至6月下旬，第三代发生于6月中下旬至7月中下旬，第四代发生于8月中下旬至10月上中旬，第五代发生于9月下旬至12月上旬，第六代幼虫受低温影响，不能完成世代
生活习性	成虫活动能力弱，无飞翔能力，靠爬行迁移觅食；有假死性，受惊后即缩足落地。末龄幼虫入土筑室化蛹

防治适期 幼龄期。

防治措施

（1）**农业防治** 栽培前彻底清除田间杂草和前茬残株，深翻耕地并晾晒；成虫越冬前，在田间堆放菜叶杂草，引诱成虫，集中杀灭。

（2）**药剂防治** 可选用45%哒螨·噻虫胺水分散粒剂30～40克/亩，或42%啶虫·哒螨灵可湿性粉剂40～60克/亩等药剂，兑水喷雾防治。

黄条跳甲 ···

黄条跳甲

分类地位 黄条跳甲（*Phyllotreta* spp.），属鞘翅目叶甲科条跳甲属。也称黄条菜甲；俗名狗虱虫、地蹦子、跳蚤虫、菜蚤子、土跳蚤等。

为害特点 成虫啃食叶片，造成细密的小孔，使菜株失去商品价值，以幼苗期为害最重；在留种地主要为害花蕾和嫩荚。幼虫只为害菜根，蛀食根皮，咬断须根，使叶片萎蔫枯死。

形态特征 体长约2毫米，长椭圆形，黑色有光泽，前胸背板及鞘翅上有许多刻点，排成纵行。鞘翅中央有一黄色纵条，两端大，中部狭而弯曲，后足腿节膨大、善跳。

黄条跳甲为害普通白菜

黄条跳甲为害大白菜

发生特点

发生代数	我国各地的发生代数差异较大，由北向南逐渐增加，1年发生2～8代。东北地区（黑龙江）1年发生2～3代，华北地区（河北）1年发生4～5代，华东地区（江苏）1年发生4～6代，华中地区1年发生5～7代，华南地区1年发生7～8代，且终年发生，世代重叠明显
越冬方式	在长江以北地区，以成虫在枯枝、落叶上，或杂草丛、土缝中越冬；在长江以南地区，冬季各虫态均有，无明显越冬现象
发生规律	每年3月气温回升后种群开始逐渐增长，5～7月达到第一个高峰。入夏后，种群消减，虫口密度降到第一个低点；9月后自然种群开始发展，10～11月自然种群达到第二个高峰，12月后气温降低，种群回落，田间虫口较少，成为全年最低点
生活习性	成虫善跳，以白天活动为主，高温时能飞翔。早晚或阴雨天躲在叶背或土缝下。成虫具有明显的趋光性，耐饥饿能力弱，抗寒性较强，对黄色和白色的趋性最强

防治适期 当叶被害率达15%以上，田间成虫数量大时及时防治。

防治措施

（1）**农业防治** 栽培前彻底清除田间败叶和杂草，深翻耕地并晾晒。

（2）**物理防治** 可采用粘虫色板诱杀和防虫网隔离等。

（3）**药剂防治** 可用2.5%溴氰菊酯乳油2 500倍液，或5%啶虫脒乳油1 500倍液，或45%哒螨·噻虫胺水分散粒剂30～40克/亩等药剂，兑水喷雾。防治成虫宜在早晨和傍晚喷药。

菜蚜 ······

分类地位 菜蚜是十字花科蔬菜蚜虫的统称，包括桃蚜（*Myzus persicae*）、萝卜蚜（*Lipaphis erysimi*）和甘蓝蚜（*Brevicoryne brassicae*），分别属于半翅目蚜科瘤蚜属、缢管蚜属和短棒蚜属。

为害特点 多存活于蔬菜嫩梢嫩叶上，以成、若蚜刺吸植物汁液，导致被害株叶片畸形卷曲，传播病毒病，并可在被害处看见蜜露。

形态特征 体长约2毫米，刺吸式口器，体形为卵圆形，绿色至黑绿色。

菜蚜为害雪里蕻

菜蚜为害甘蓝

菜蚜为害大白菜

发生特点

发生代数	桃蚜1年发生10余代至30～40代不等，萝卜蚜1年发生15～45代，甘蓝蚜1年发生10～30代，发生世代数由北向南逐渐增加
越冬方式	温暖地区或在温室内以无翅胎生雌蚜繁殖，终年为害，长江以北地区在蔬菜上产卵越冬
发生规律	菜蚜在早春气温低时增长缓慢；春末夏初，蚜量大增，形成为害高峰；夏季气温过高，发生受到抑制，秋天气温下降，蚜虫又大量繁殖，形成秋季的为害高峰。晚秋气温降低，蚜量下降，部分产生性蚜，交配产卵越冬。其发生规律呈春秋两季大发生（一般为4～6月和9～11月）、夏季发生少的"马鞍形"种群季节消长型
生活习性	有翅蚜具有迁飞习性，桃蚜、萝卜蚜和甘蓝蚜对橘黄色均有很强的趋性。桃蚜和萝卜蚜混合种群在田间甘蓝和普通白菜上的分布类型为聚集型，在甘蓝上的聚集强度春夏季为高—低—高，夏秋季一直较高，秋冬季在年度间有较大变化，冬春季开始由低向高变化

防治适期 蚜虫始发期。

防治措施

（1）**农业防治** 清洁田园；合理安排蔬菜作物布局。

（2）**物理防治** 大棚内采用银灰色防虫网覆盖通风口；银灰地膜覆盖畦面避蚜；悬挂黄色粘虫板诱杀。

（3）**生物防治** 保护和利用田间自然天敌，也可人工释放草蛉或瓢虫。

（4）**化学防治** 可选用5%啶虫脒乳油15～20毫升/亩，或10%溴氰虫酰胺可分散油悬浮剂30～40毫升/亩，或10%吡虫啉可湿性粉剂10～20克/亩等药剂，兑水喷雾。大棚内也可点燃15%啶虫脒烟剂15～25克/亩或10%异丙威烟剂300～500克/亩熏杀蚜虫。

斑潜蝇 ●●●●●●●●●●●●●●●●●●●●●●●●●●●●●●●●●●●●●

分类地位 为害叶类蔬菜的斑潜蝇主要有美洲斑潜蝇（*Liriomyza sativae*）和南美斑潜蝇（*Liriomyza huidobrensis*），属双翅目潜蝇科斑潜蝇属。

为害特点 主要为害叶片和叶柄，成虫及幼虫均可为害作物，但以幼虫为主。幼虫在叶片表皮下孵化取食，产生不规则蛇形白色虫道，导致叶片失去光合作用，干枯脱落。

形态特征 成虫小型，体长1～2毫米，淡灰黑色。幼虫蛆形，3龄，老熟幼虫体长约3毫米。

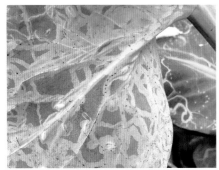 

斑潜蝇为害普通白菜

发生特点

发生代数	1年发生10余代
越冬方式	以蛹的形式在土壤中越冬
发生规律	斑潜蝇一般在4月中下旬开始发生，5～10月为发生盛期，为害严重
生活习性	成虫白天活动，具有趋光、趋绿和趋化性，对黄色趋性更强；有一定的飞翔能力

防治适期 低龄幼虫盛发期。

防治措施

（1）**农业防治** 栽培前彻底清除田间杂草及前茬作物残体，深翻耕地并晾晒；加强田间管理，及时摘除虫叶。

（2）**物理防治** 可采用黄板诱杀和防虫网隔离等。

（3）**药剂防治** 可选用31%阿维·灭蝇胺悬浮剂15～20毫升/亩，或60克/升乙基多杀菌素50～60毫升/亩，或75%灭蝇胺可湿性粉剂15～20克/亩，或10%溴氰虫酰胺可分散油悬浮剂15～20毫升/亩等药剂，兑水喷雾。

烟粉虱 ·······································

分类地位 烟粉虱（*Bemisia tabaci*）属半翅目粉虱科小粉虱属。又称棉粉虱、甘薯粉虱、一品红粉虱。

为害特点 以成虫和幼虫刺吸植物汁液，并传播病毒病，被害处可见烟粉虱分泌的蜜露引发的煤污病。

形态特征 成虫体呈淡黄色，体型微小，前翅合拢时呈明显的屋脊状，通常从两翅中间缝隙可见腹部背面。

烟粉虱为害甘蓝

发生特点

发生代数	在热带、亚热带及相邻的温带地区，1年发生11～15代，世代重叠
越冬方式	在温暖地区，烟粉虱一般在杂草和花卉上越冬；在寒冷地区，在温室内作物和杂草上越冬

（续）

发生规律	3月上旬烟粉虱种群数量快速上升，4月上旬扩散为害，夏季受到高温多雨抑制，蔬菜田烟粉虱虫量下降，在8月下旬以后，温度适宜，快速繁殖为害，数量达高峰，为害较重，11月中旬露地数量减少或消失，随秋延后和冬棚菜、花卉的盖膜加温，露地粉虱成虫再次迁移至保护地过冬
生活习性	成虫具有趋光性和趋嫩性，群居于叶片背面取食，中午高温时活跃，早晨和晚上活动少，飞行范围较小，可借助风或气流进行长距离迁移

防治适期　始发期。

防治措施

（1）**农业防治**　彻底清除田间杂草，减少烟粉虱存活的场所，深耕培土；选用无虫苗，防止将烟粉虱带入。

（2）**物理防治**　可采用黄色粘虫板诱杀成虫。

（3）**生物防治**　在烟粉虱发生初期开始释放丽蚜小蜂等寄生性天敌。

（4）**化学防治**　可选用10%溴氰虫酰胺悬乳剂40～50毫升/亩，或22.4%螺虫乙酯悬浮剂20～30毫升/亩，或22%螺虫·噻虫啉悬浮剂30～40毫升/亩或35%联苯·噻虫嗪悬浮剂等药剂，兑水喷雾。

温馨提示

　在进行化学防治时应注意轮换使用不同类型的农药，并要根据推荐浓度，不要随意提高浓度，以免产生抗性和抗性增长。

韭菜迟眼蕈蚊 ......

分类地位　韭菜迟眼蕈蚊（*Bradysia odoriphaga*）属双翅目长角亚目蕈蚊总科眼蕈蚊科迟眼蕈蚊属。俗称韭蛆。

为害特点　以幼虫为害为主，幼虫取食韭菜根上部的鳞茎和茎基部，造成枯叶或死棵，严重影响韭菜的品质和产量。春秋两季为为害高峰。

形态特征　幼虫体细长，长5～7毫米，头漆黑色有光泽，体白色，半透明，无足。

雌成虫　　　　　　　　雄成虫　　　　　　　　卵

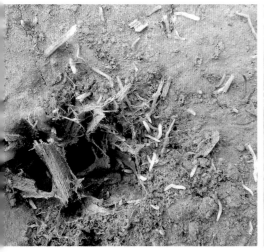

幼虫　　　　　　　　　　　　蛹

韭蛆（幼虫）为害导致缺苗断垄　　　韭蛆（幼虫）在地下为害韭菜根部

发生特点

发生代数	1年发生3～6代，世代重叠严重
越冬（越夏）方式	露地韭蛆以老熟幼虫在韭菜附近的土壤中、鳞茎或根茎内越冬；保护地韭蛆不越冬，可周年发生为害。夏季韭蛆以幼虫藏匿在韭菜鳞茎、根茎或假茎内越夏
发生规律	春秋两季为害较重，3月底至4月上旬、10月底至11月是韭蛆成虫羽化产卵繁殖的高峰期
生活习性	喜湿，趋黑，不耐高温。成虫喜欢在地面爬行或跳跃，卵产在土缝或韭菜植株基部的隐蔽场所。幼虫有结网、群集网下取食的习性

防治适期 春、秋季成虫羽化盛期或幼虫为害盛期。

防治措施

（1）**农业防治** 种植前彻底清除田间杂草，清洁田园，深耕培土。冬灌或春灌减少幼虫数量。

（2）**物理防治** 可采用糖醋液或杀虫灯诱杀。

（3）**药剂防治** 幼虫可用25%噻虫嗪水分散粒剂180～240克/亩，或5%氟铃脲乳油300～400毫升/亩灌根防治；也可用2%吡虫啉颗粒剂1 500～2 000克/亩，或1%噻虫胺颗粒剂2 000～3 000克/亩撒施防治。成虫可用4.5%高效氯氰菊酯乳油10～20毫升/亩于9:00～10:00兑水进行喷雾。

二斑叶螨

分类地位 二斑叶螨（*Tetranychus urticae*）属蛛形纲叶螨科叶螨属。又名二点叶螨、红蜘蛛。

为害特点 以幼螨、若螨和成螨刺吸叶片汁液，在叶脉两侧可见白色斑点。虫口密度大时，使整片叶失绿变黄，严重时叶片提早脱落，后期布满叶片并吐丝结网。

形态特征 雄成螨近卵圆形，绿色；雌成螨近椭圆形，体长0.4～0.6毫米，初为白

二斑叶螨在叶片背面为害

色和黄白色，后变为褐绿色；成螨有足4对，体背两侧各有一块暗红色或暗绿色长斑。

幼螨眼红色，足3对，虫体初为白色，取食后暗绿色；第一若螨近卵圆形，足4对，体背可见色斑；第二若螨与成螨形态接近。

卵呈球形，亮白色。

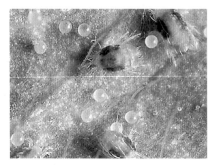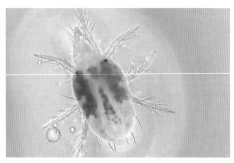

二斑叶螨成螨

发生特点

发生代数	北方1年可发生12～15代，南方至少发生20代
越冬方式	以受精雌螨在树皮下、枯枝落叶、宿根性杂草上潜伏越冬
发生规律	3月下旬至4月中旬，越冬雌螨开始出蛰活动，平均气温升至13℃以上时开始产卵繁殖，5月上旬后陆续迁移到蔬菜上为害，6月为害重，7月虫口密度急剧上升，8月中旬至9月中旬为发生高峰期，进入10月，陆续出现滞育个体，11月进入休眠状态
生活习性	习性活泼，爬行迅速，并有明显的趋嫩性和结网习性

防治适期 田间幼螨和若螨发生初期。

防治措施

（1）**农业防治** 清洁田园，彻底铲除杂草、残株并集中烧毁或深埋处理，以减少田内虫口基数。夏季高温闷棚，将棚内所有残株、杂草连根拔出，集中烧毁或深埋，再将棚室密闭7～10天。

（2）**生物防治** 在二斑叶螨未发生时，每亩投放3万头/瓶的加州新小绥螨6瓶，轻微发生时增加至9瓶，严重发生时用13瓶。每隔30天投放一次。

（3）**化学防治**　可用30%联肼·哒螨灵悬浮剂40～60毫升/亩兑水喷雾，或110克/升乙螨唑悬浮剂4 000倍液，或1.8%阿维菌素乳油2 000～3 000倍液，或43%联苯肼酯悬浮剂2 000倍液喷雾防治，注意轮换用药。

蓟马 ·······································

分类地位　叶类蔬菜上为害较重的有棕榈蓟马（*Thrips palmi*）、西花蓟马（*Frankliniella occidentalis*）、葱蓟马（*Thrips tabaci*）等，属缨翅目蓟马科。

为害特点　成虫和幼虫以锉吸式口器取食寄主嫩叶和嫩梢，叶背面出现长条状或斑点状斑块，后期斑块失绿，留下灰色的伤痕，叶脉变黑褐色，嫩叶和嫩梢僵硬缩小增厚，可传播病毒病。

形态特征　长约1.5毫米，白色至褐色或黑色，身上有六角形花纹或棘等。

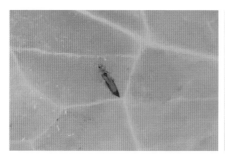
蓟马

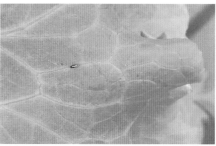
蓟马为害生菜

发生特点

发生代数	蓟马在温室内稳定温度下可连续发生12～15代
越冬方式	在土壤和田间蔬菜、杂草上越冬
发生规律	发生高峰期在秋季的9～10月，翌年3～5月则是第二个高峰期。秋季成虫通过通风口和门窗进入温室，开始在温室蔬菜上为害、繁殖，冬季在温室内继续为害，并以各种虫态在蔬菜和杂草上越冬，春季由温室向外扩散
生活习性	蓟马喜欢温暖、干旱的天气，其适温为23～28℃，适宜空气湿度为40%～70%。成虫行动敏捷，能飞善跳，遇到惊扰会迅速扩散；具有群集习性

防治适期 发生初期。

防治措施

（1）**农业防治** 栽培前彻底清除田间杂草，清洁田园，培育无虫苗。

（2）**物理防治** 可采用杀虫灯及粘虫板诱杀。

（3）**药剂防治** 可采用25%噻虫嗪水分散粒剂20～40克/亩，或10%多杀霉素悬浮剂16～24毫升/亩，或60克/升乙基多杀菌素悬浮剂10～20毫升/亩，或5%阿维·啶虫脒微乳剂15～20毫升/亩等药剂，兑水喷雾防治。

葱地种蝇 ·····························

分类地位 葱地种蝇（*Delia antiqua*）属双翅目花蝇科地种蝇属。又名地蛆、根蛆、葱蛆、葱蝇、蒜蛆。

为害特点 以幼虫在地下钻蛀寄主植物的鳞茎盘部分或地下根茎，造成寄主植物地下部分腐烂发霉，地上部分萎蔫，叶端枯黄或全株叶片变黄，直至死亡。对蔬菜产品的产量和品质影响极大。蒜苗是最主要的受害部位，能够造成叶片枯黄，植株生长势减弱，最严重时枯死，被害蒜皮成黄褐色腐烂，蒜头有虫孔，蒜头残缺，蒜瓣炸裂。

形态特征 成虫身体长5～7毫米，全身暗褐色，头部银灰色，全身有黑色刚毛，翅透明；幼虫类似粪蛆，尾端有肉质突起，体长7～9毫米，是唯一为害的虫态。

葱地种蝇

发生特点

发生代数	1年可发生2～4代
越冬方式	以蛹在大蒜、洋葱、葱、韭菜等被害的寄主植物根际土中5～10厘米处滞育越冬
发生规律	2代发生区，越冬蛹3月下旬开始羽化，4月中旬越冬代成虫盛发，4月下旬至5月上中旬为第一代幼虫严重为害期，5月下旬第一代幼虫开始化蛹，并在土中滞育越夏，历时约3个月，9月下旬至10月中旬为第二代幼虫为害期
生活习性	成虫白天活动，以晴天10:00～14:00活动最盛。喜温暖，刮风和阴雨天活动减少。成虫需大量取食开花期的植物花蜜作为补充营养

防治适期 蔬菜作物播种前。

防治措施

（1）**农业防治** 选用抗虫品种；调整种植结构；移栽健康种苗；合理轮作、深耕；科学施肥和灌溉；搞好田园清洁卫生等。

（2）**物理防治** 可采用杀虫灯诱杀和防虫网隔离、覆盖地膜等方式防治。

（3）**药剂防治** 可采用25%噻虫嗪水分散粒剂180～360克/亩，或5%氟铃脲乳油450～600毫升/亩喷淋；也可用1%噻虫胺颗粒剂1 500～2 500克/亩沟施。大棚成虫高峰期可采用烟熏法防治，如用3%高效氯氰菊酯烟剂300～500克/亩进行烟熏。

蝼蛄 ···

分类地位 蝼蛄（*Gryllotalpa* spp.）属直翅目蝼蛄科，俗称土狗。为害严重的有东方蝼蛄（*G. orientalis*）和华北蝼蛄（*G.unispina*）。

为害特点 成虫和若虫咬食植物幼苗的根部和嫩茎，同时成虫和若虫在土壤下活动，在作物根部开掘隧道，导致幼苗根部和土壤分开，造成幼苗枯死。

形态特征 成虫体黄褐色至暗褐色，腹部近圆筒形，前头的大部分被前胸板盖住，生有一对强大粗短的开掘足，触角丝状，长度可达前胸的后缘，有一对较长的尾须。

蝼蛄

发生特点

发生代数	东方蝼蛄在北方地区2年发生1代，在南方1年发生1代；华北蝼蛄3年发生1代
越冬方式	以成虫或若虫在地下越冬
发生规律	4月开始上升到地表活动取食，5月上旬至6月中旬为活跃期，为第一次为害高峰期；6月下旬至8月下旬，钻入地下活动；9月气温下降后再次上升到地表，形成第二次为害高峰；10月中旬以后钻入土中越冬
生活习性	具有昼伏夜出性、群集性、趋湿性和趋化性

防治适期 若虫期。

防治措施

（1）**农业防治**　避免与十字花科作物连作，蔬菜种植前彻底清除田间杂草，清洁田园，深耕培土；南方有条件的地区可实行水旱轮作。

（2）**物理防治**　可采用杀虫灯诱杀。

（3）**药剂防治**　可采用3%辛硫磷颗粒剂6.0～8.0千克/亩，或4%二嗪膦颗粒剂1.2～1.5千克/亩撒施防治。

蛴螬 ••

分类地位　蛴螬是金龟子或金龟甲的幼虫，属鞘翅目金龟总科。

为害特点　春秋两季为害最重，幼虫咬食幼苗根茎，伤口容易引起病菌侵染，加重病害的发生。成虫主要取食叶片。

形态特征　幼虫寡足型，多为白色，少数为黄白色。头部黄褐色，上颚显著，腹部肿胀，常弯曲成C形，胸足发达，腹足退化。体壁较柔软多皱，体表疏生细毛。成虫为金龟子，长椭圆形，背翅坚硬有光泽。

蛴螬

金龟子（蛴螬的成虫）

发生特点

发生代数	一般1年发生1代，或2～3年发生1代
越冬方式	以成虫或幼虫在温室、田间土壤中越冬
发生规律	春秋季可终日在表土层活动，夏季多在清晨和夜间才到表土层活动，春、秋两季为害最重
生活习性	蛴螬喜湿润。活动及繁殖适宜温度为14～22℃，成虫有假死性、趋光性，喜欢未腐熟的有机肥

防治适期 幼虫一至二龄期。

防治措施

（1）**农业防治** 栽培前彻底清除田间杂草，清洁田园，使用腐熟的有机肥。南方有条件的地区可实行水旱轮作。

（2）**物理防治** 可采用杀虫灯及粘虫板诱杀。

（3）**药剂防治** 用3%辛硫磷颗粒剂6.0～8.0千克/亩，或4%二嗪膦颗粒剂1.2～1.5千克/亩，或5%阿维·二嗪磷颗粒剂1.0～1.2千克/亩撒施防治。

蝗虫 ··

分类地位 有土蝗和飞蝗之分，土蝗属直翅目蝗总科，飞蝗属直翅目飞蝗科。

为害特点 成虫能够啃食植株叶片、嫩茎、花蕾、果实等各器官，啃食成缺刻或孔洞状，大规模发生时可将大面积作物完全吃净。

形态特征 体圆柱形，体长8～80毫米，绿色、黄褐色或黑色，头顶中央具有细纵沟，头顶侧缘具有明显的头侧窝，触角较短，前胸背板仅覆盖前胸背面和侧面，前后翅发达，前翅长于后翅，后足发达，适合跳跃，腹部第一节背板两侧具有一对鼓膜器。

蝗虫

发生特点

发生代数	1年可发生2～4代
越冬方式	多以卵在土壤中的卵囊内越冬
发生规律	5月中下旬至6月中旬前后孵化，7～8月发育羽化为成虫，10月左右产卵越冬
生活习性	容易形成群聚及群迁，夜伏昼出，无明显趋光性

防治适期 蝗蝻孵化出土盛期至三龄前。

防治措施

（1）**农业防治** 通过植树减少蝗虫适宜产卵地，保护利用蝗虫天敌，加大预警监测水平。

（2）**生物防治** 低密度地区优先使用蝗虫微孢子虫、球孢白僵菌、金龟子绿僵菌等微生物农药防治，合理使用苦参碱、印楝素等植物源农药。

（3）**化学防治** 高密度发生区采取化学应急防治。可选用高效氯氰菊酯防治。

PART 3

其他有害生物

蜗牛 ••

蜗牛

分类地位 灰巴蜗牛（*Bradybaena ravida*）与同型巴蜗牛（*Bradybaena similaris*）为我国蔬菜上有害蜗牛的优势种，属于软体动物门腹足纲柄眼目巴蜗牛科巴蜗牛属。

为害特点 以植物幼苗、植物茎叶为食物，幼贝只取食叶肉，残留表皮，成虫蜗牛用齿舌将蔬菜的嫩茎、叶片研磨成小孔或将其咬断，严重时导致蔬菜死亡。

形态特征 有低圆锥形壳。头部具有触角2对，口内具有齿舌，可用以刮取食物，行走过程中能分泌出黏液。

灰巴蜗牛和同型巴蜗牛成贝形态特征比较

（引自何振昌，1993）

形态特征	灰巴蜗牛	同型巴蜗牛
贝壳形状	圆球形	扁圆球形
贝壳褐色带	周缘中部不具褐色带	多数个体周缘中部有1条褐色带
螺层（层）	5.5～6	5～6
壳口形状	椭圆形	马蹄形
脐孔形状	窄小，缝隙状	圆而深，洞穴状

蜗牛

蜗牛为害雪里蕻

蜗牛为害大白菜

蜗牛为害甘蓝

发生特点

发生代数	灰巴蜗牛与同型巴蜗牛生活习性较接近，通常1年发生1代，其寿命一般不会超过2年
越冬方式	以成贝或幼贝在潮湿阴暗的落叶、草堆、石块下，或植物周围浅土层中越冬
发生规律	气温高于10℃时，蜗牛出蛰，开始为害蔬菜的幼芽和嫩叶部分，夏季旬平均气温高于30℃、相对湿度低于65%时进入越夏，9月以后生长开始加快，进入秋季暴食期，冬季旬平均气温下降至10℃以下、相对湿度低于76%时开始越冬。越冬（夏）期间，如果温度、湿度适宜，蜗牛可立即恢复取食活动
生活习性	喜阴湿环境，以夜间和早晨为害较多

防治适期　为害初期。

防治措施

（1）**农业防治**　栽培前彻底清除田间杂草，深翻耕地并晾晒。

（2）**物理防治**　田间撒施草木灰或生石灰。

（3）**药剂防治**　可选用6%四聚乙醛颗粒剂500～600克/亩撒施防治，或80%四聚乙醛可湿性粉剂45～50克/亩兑水喷雾防治。

蛞蝓 ••

分类地位 蛞蝓（*Limax maximus*）属异鳃总目蛞蝓科。

为害特点 啃食大量的细嫩茎叶，造成叶面积减少，爬过的地方会留下大量的黏液，阻塞作物的气孔，降低作物的透气性和呼吸能力。

形态特征 成虫体伸直时体长30～60毫米。长梭形，柔软、光滑而无外壳，体表暗黑色、黄白色或灰红色。有触角2对，体背前端具外套膜，边缘卷起，其内有退化的贝壳。

蛞蝓为害大白菜

发生特点

发生代数	1年发生1～3代
越冬方式	以成体或幼体在蔬菜作物根部湿土下越冬
发生规律	5～7月在田间大量活动为害，入夏气温升高，活动减弱，秋季气候凉爽后，又活动为害。保护地内发生为害时间更长，可周年为害
生活习性	喜欢温暖潮湿的环境，昼伏夜出，喜食萌发的幼芽及幼苗

防治适期 蛞蝓为害初期。

防治措施

（1）**农业防治** 彻底清除田间杂草，减少产卵的场所，深耕培土。

（2）**药剂防治** 可用6%四聚乙醛颗粒剂400～600克/亩撒施防治，或30%茶皂素水剂120～180毫升/亩兑水喷雾防治。

附录 禁限用农药名录

《农药管理条例》规定，农药生产应取得农药登记证和生产许可证，农药经营应取得经营许可证，农药使用应按照标签规定的使用范围、安全间隔期用药，不得超范围用药。剧毒、高毒农药不得用于防治卫生害虫，不得用于蔬菜、瓜果、茶叶、菌类、中草药材的生产，不得用于水生植物的病虫害防治。

（一）禁止（停止）使用的农药（50种）

六六六、滴滴涕、毒杀芬、二溴氯丙烷、杀虫脒、二溴乙烷、除草醚、艾氏剂、狄氏剂、汞制剂、砷类、铅类、敌枯双、氟乙酰胺、甘氟、毒鼠强、氟乙酸钠、毒鼠硅、甲胺磷、对硫磷、甲基对硫磷、久效磷、磷胺、苯线磷、地虫硫磷、甲基硫环磷、磷化钙、磷化镁、磷化锌、硫线磷、蝇毒磷、治螟磷、特丁硫磷、氯磺隆、胺苯磺隆、甲磺隆、福美胂、福美甲胂、三氯杀螨醇、林丹、硫丹、溴甲烷、氟虫胺、杀扑磷、百草枯、2,4-滴丁酯、甲拌磷、甲基异柳磷、水胺硫磷、灭线磷

注：溴甲烷可用于"检疫熏蒸处理"。杀扑磷已无制剂登记。甲拌磷、甲基异柳磷、水胺硫磷、灭线磷，自2024年9月1日起禁止销售和使用。

（二）在部分范围禁止使用的农药（20种）

通用名	禁止使用范围
甲拌磷、甲基异柳磷、克百威、水胺硫磷、氧乐果、灭多威、涕灭威、灭线磷	禁止在蔬菜、瓜果、茶叶、菌类、中草药材上使用，禁止用于防治卫生害虫，禁止用于水生植物的病虫害防治
甲拌磷、甲基异柳磷、克百威	禁止在甘蔗作物上使用
内吸磷、硫环磷、氯唑磷	禁止在蔬菜、瓜果、茶叶、中草药材上使用
乙酰甲胺磷、丁硫克百威、乐果	禁止在蔬菜、瓜果、茶叶、菌类和中草药材上使用

（续）

通用名	禁止使用范围
毒死蜱、三唑磷	禁止在蔬菜上使用
丁酰肼（比久）	禁止在花生上使用
氰戊菊酯	禁止在茶叶上使用
氟虫腈	禁止在所有农作物上使用（玉米等部分旱田种子包衣除外）
氟苯虫酰胺	禁止在水稻上使用

图书在版编目（CIP）数据

叶菜病虫害绿色防控彩色图谱 / 任锡亮，高天一主编.—北京：中国农业出版社，2023.3（2023.4重印）
（扫码看视频.病虫害绿色防控系列）
ISBN 978-7-109-30500-7

Ⅰ.①叶…　Ⅱ.①任…②高…　Ⅲ.①绿叶蔬菜—病虫害防治—图谱　Ⅳ.①S436.36-64

中国国家版本馆CIP数据核字（2023）第042496号

叶菜病虫害绿色防控彩色图谱
YECAI BINGCHONGHAI LÜSE FANGKONG CAISE TUPU

中国农业出版社出版
地址：北京市朝阳区麦子店街18号楼
邮编：100125
责任编辑：郭　科　郭晨茜
责任校对：刘丽香
印刷：北京通州皇家印刷厂
版次：2023年3月第1版
印次：2023年4月北京第2次印刷
发行：新华书店北京发行所
开本：880mm×1230mm　1/32
印张：4.5
字数：145千字
定价：35.00元